爱上红酒，就爱上了一种生活

# 品红时光

谢如东 著

中国商业出版社

图书在版编目（CIP）数据

品红时光 / 谢如东著 . -- 北京 : 中国商业出版社，
2016.4

ISBN 978-7-5044-9399-6

Ⅰ．①品… Ⅱ．①谢… Ⅲ．①葡萄酒－基本知识
Ⅳ．① TS262.6

中国版本图书馆 CIP 数据核字（2016）第 084107 号


责任编辑：武文胜




中国商业出版社出版发行

010-63180647 www.c-cbook.com

（100053 北京广安门内报国寺 1 号）

新华书店总店北京发行所经销

三河市龙大印装有限公司印刷

710×1000 毫米 1/16 15 印张 200 千字

2016 年 8 月第 1 版 2016 年 8 月第 1 次印刷

定价：49.80 元

★ ★ ★ ★

（如有印刷质量问题可更换）

# 推荐

　　春光明媚的四月天，传来如东新作《品红时光》即将问世的好消息，大喜过望！祝贺之余，思绪万千。

　　认识如东已有三十余年。那时，风华正茂的如东是我父亲端木正在 20 世纪 80 年代招收的首批国际法研究生中的一位，他来自父亲的母校武汉大学，也许这种缘分使得此后这对师生有了经久不变的彼此信任和某种默契。如东学习天资甚高，又极富语言天分，在校期间成为父亲主持的外事学术活动中的好助手。父亲期望他能够赴法国巴黎第二大学深造，可惜种种原因，阴差阳错，未能如愿。虽然此后如东工作成绩斐然，亦得父亲支持和赞赏，但是相信如东与法国留学失之交臂显然是师生二人的一种深深的遗憾。

　　然而，岁月的流逝从未磨灭如东的青春梦想和志向。在烦嚣的红尘之中，在万千繁杂的工作之余，他内心深处却始终保留着一方净土，默默地奉献给法国语言的学习和法国文化的研究。这就有了这本积淀多年的《品红时光》的横空出世。

"品红"，顾名思义即为"品尝红酒"。众所周知，法国红酒与法国烹饪、法国香水、法国时装同样闻名世界，作为法兰西独特文化历史的一个部分而享誉全球。法国红酒文化内涵非常丰富，不仅历史可追溯到史前，而且有传统细致的葡萄种植技术、精致复杂的酿酒工艺以及延绵不断的推广传承，所以深入研究和认识法国红酒需要多年的功力。而法国红酒文化中涵盖了一种在我看来是检验其最终成果质量的实践，那就是"品酒"，这更是一门大学问。那种神秘的仪式感，那种以敏锐的嗅觉、敏感的舌尖做出瞬间的优劣判断，都会让那些热爱红酒之士为之倾倒。诚然，那些熟悉红酒的人深谙品酒之道。经过人类精心培植、采摘、酿造之后的法国葡萄酒已经被赋予一种特质，不论醇香浓郁，还是圆润温和，抑或其他口感，品尝之时令人钦佩的行家们都会以虔诚之心体味鼻唇间回旋着的酒的岁月留痕。那里隐喻着宗教之膜拜、劳作之艰辛、收获之快乐、生活之五味，还有举杯对视时那种超越纷争的和平、慰藉心灵的友情和爱情。我不懂酒，但是我欣赏那些红酒发烧友们品酒时那种超凡脱俗的认真执着态度。我常想，这也许就是历史记载的、早期在葡萄种植和酒的酿造中起过很大作用的僧侣们，在远离尘世的古老神秘的修道院的葡萄园里的奉献——为法国葡萄酒文化留下的生命基因。

我知道如东很是懂酒，他写过"爱上红酒，就爱上了一种生活"。正是如此，他才能在这么多年繁忙而又卓有成就的工作之余，持之以恒地学习被誉为"世界红酒之都"的法国的语言文化，也曾亲赴实地体验法兰西文明的博大精深和演进历程，用心化解留在青春时代的遗憾。他把对法国的热爱、对老师的怀念融进对红酒的认识、理解和体味中，尽其所能弘扬法国文化，同时也把自己成功的人生书写得更加绚丽多彩。

感谢如东及夫人长缨始终如一地忠实于青年时代的理想和友情，在取得事业成就之时，在中山大学发起建立"端木正法学基金"，纪念老师，并以此鼓励、推动母校法学研究教学的国际化进程，功德无量。如东说，本书出版后一切收入都将捐入"端木正法学基金"。我无比感动、无限欣喜！本书问世之日，定将以法国波尔多红酒举杯致谢和庆贺！

**端木美**

2016 年 4 月于北京

（端木美，中国社会科学院世界历史研究所研究员、中国法国史研究会名誉会长、法国国家功绩军官勋章荣获者）

# 推荐

一个周六的清晨，如东兄微信邀约我为他的新书写序。

如东兄酷好葡萄酒，每次品完美酒都即兴抒怀，把酒后的感受和"真言"以及美酒的背景知识分享到朋友圈。时间长了，积少成多，加上他在早前发表的一些文章，就汇成了这本新书。这些微信段子都是有感而发，充满了真诚和对葡萄酒的挚爱，文字欢快，言简意赅，每每让人享受到美酒回味的缭绕，更有学习到新东西的兴奋。原先如东兄的这些葡萄酒"遐想"只流通于朋友圈和见于专业杂志，如今汇编成书便可以分享到更多的朋友和读者当中，使大家能够领略到如东兄的葡萄酒情怀，这既加深了大家对葡萄酒的了解，又加大了对法兰西文化的感同认知。《品红时光》的出版真是可喜可贺！

给如东兄的新书写序是少许出于望外。确实已经很长时间不执笔，给朋友新书写序更是第一次，有点忐忑不安，不能说不是一个小考！和如东兄认识三十载，多少次举杯畅饮，共同品赏过许多风格各异的红白葡萄酒，书中提到的愉快场景历历在目。也就顾不上太多了，从回忆中拾起一些思绪，介绍给读者一些背景，希望大家能在读书中得到愉悦和启迪。

和如东兄认识是从红砖绿瓦的康乐园（在中山大学内）开始的。他是法律系的研究生，师从端木正教授，我们的认识是因为他来法国语言文学系学习法语。而本人与法律系同学的特殊感情则源于听从端木正教授的建议从法国语言文学系跨系去法律系旁听法律课。那时候，法律系就在外语系男生宿舍中3的对面。我和如东兄的跨学科"互换"均得益于恩师端木正老师的指导和建议，对恩师的怀念和感恩也是我和如东兄一家交往长久频繁的一个主要原因。

旅法10年，我们也常有相聚，不过那时较少谈到红酒，似乎沉醉的是巴黎浪漫之都的气氛。之后辗转又调回到香港，和如东兄一家聚会更多了。这才发现如东兄不经意之间对红酒的喜爱已是一发不可收拾，对波尔多红酒文化的了解到了登峰造极的地步，《品红时光》便是一个缩影和写照。

开始的时候如东兄对诗情画意的波尔多酒情有独钟，陶醉于酒的年份，酒庄的变迁和典故。譬如位于 Moulis-en-Médoc 的一个酒庄，现在名叫 Château Chasse-Spleen，就是如东一家念念不忘的一款。顾名思义，酒庄取名"驱走忧郁"（Chasse Spleen）颇有诗意，对于其名字的来源亦有争论。有说是源于拜伦1821年到访酒庄时评价葡萄酒的名句"驱散忧郁的灵丹妙药"。也有说是受浪漫诗人波德莱尔的"忧郁"的影响。1821年出生的波德莱尔，在他的"醉吧"的结尾里，喊出豪放的一句："不愿做时间奴隶的人，醉吧，一醉方休！于酒、于诗、于德，随心所欲。"不管谁对谁错，喜欢上和两个诗人有纠葛的名庄可谓心有灵犀，足见如东兄的红酒情怀！

后来如东兄逐渐被勃艮第地区的千花齐发所吸引，陶醉于联合国教科文组织 2015 列为世界文化遗产的勃艮第乡土酒坊"Climats, terroirs of Burgundy"，并成为勃艮第葡萄酒骑士团 Confrérie des Chevaliers du Tastevin 的一员。他秉承"酒瓶一空，劳而有功"（Jamais en vain, toujours en vin）的警句，品尝推介黑皮诺，还自驾走遍了勃艮第从 Côte de Nuits 到 Côte de Beaune 的山庄小镇，乡土酒坊。

如东兄好学，对法国葡萄酒研究深入，特别是对酒庄背后的人文历史故事，以及红酒飘香背后的沧桑、历辛、变迁和沉淀更是如痴如醉，这使他能捕获到来自葡萄酒的另外一个维度的感受。《品红时光》把我们带进了品尝葡萄酒的新境界。更值得称道的是，如东兄决定把《品红时光》的销售所得悉数捐给由如东兄和夫人杨长缨发起倡议的"端木正法学基金"，以进一步推进中大法学院的国际交流项目，回馈母校。

"野旷沙岸净，天高秋月明"。《品红时光》流连忘返于波尔多和勃艮第的葡萄园之间，亦倒流回"池塘生春草，园柳变鸣禽"的康乐园。

**钟小锋**

2016 年春于香港金钟

（钟小锋，巴黎政治学院政治学博士、中山大学法国语言文学专业学士，现任职一家欧洲大型资产管理公司北亚区行政总裁）

# 自序
# 在品红中谈笑

　　人，总是要有点个人爱好的。在香港时间久了，耳濡目染，也机缘巧合地爱上了红酒。

　　我喜欢红酒。她是优雅的，是浪漫的，也是豪爽的。品红，有时候品的不仅是其本身，还有她背后的文化。正是红酒背后的故事、文化、历史、人物，经过岁月的发酵，酿成了一款款动人的葡萄酒。那些遥远的酒庄的故事，总是莫名地拨动我的心弦。即便经历的人生并不相同，但有些感悟总是相似，例如执着于理想，例如坚守传统，例如追逐浪漫，这些都构成了我品红时光的重要元素。是啊，品酒，其实就是品人生。

　　说起来，我会动笔写些关于品红的文章也是出于偶然。三年多前，赵聪兄推荐我为香港一本杂志《THE WATCH》撰写品酒专栏，时逢我将到重庆长驻一段时间，想到漫漫长夜，正好以此消遣，也就爽快地答应了。我不是什么品红专家，也无意深入或故作权威地评价一款酒。我只是写我的感受，即便涉及评价，那也是私人性质的。于我而言，酒不能单独成酒，它与时、事、人交织。即便是同一款酒，在不同的阶段品，与不同的人品，其味道自然也大不一样。因此酒是有生命的，有个性的。品红也因而才是有趣的。

我也乐于与朋友分享这些点滴。除了文章，我也在微信分享。不料三年多就这样坚持下来了。朋友建议我将文章、微信编辑成书，于是有此小书。翻读过去的碎片，往事竟如潮涌来，心里也颇多触动。那些时光一去不返，所幸文字和图片将之记录。这些文字多数是轻松的，夹杂了我的品酒感受、日常琐碎和葡萄酒的历史。这些文字有时是碎片的，恰如这个时代的特征。因此，初时搂理文字，怕有负朋友盼望，重读和修改时又补注了些关于酒的趣事或历史，以资朋友在闲暇时翻翻，了解葡萄酒一二。

品红是我生活的一部分，相信品红爱好者都会有此感觉。我欣赏这么一句话："爱上红酒，就爱上了一种生活。"是啊，品红于我不是技艺，它是一种生活。汇集此书就是想与更多的朋友一起品味这种生活。

也谨以此书献给我的夫人杨长缨及我的两位小孩谢剑琴、谢剑敏！

# 目录

## 辑一 甄奇"品"异：
## 生命的极致与狂喜

## 辑二 "红"情绿谊：
## 那些人与那些"葡萄"

## 辑三 随"时"而酌：
## 因为她来到 WeChat 星球

## 辑四 流"光"邂逅：
## 每一个美丽的瞬间

# 辑五 乐行"好"品：
# 把自己酿成一瓶酒

# 辑一

## 甄奇【品】异：生命的极致与狂喜

生活中有许多狂喜，但有一种狂喜，只有喝酒的人才懂。那是知而不能言的，只觉得胸胆开张，天地如此接近，仿佛个人的生命得到了关照，即便手舞足蹈也不能表达。品红，就是品一种极致的生活，就是品那知而不能言的生命的狂喜。

Beaujolais Nouveau

生命的狂喜

　　每年 11 月的第 3 个星期四，对于喜爱品红的人来说，都是一个喜庆而又值得期待的日子：这一天，Beaujolais Nouveau（薄若莱新酒）上市了！ 2012年，由于公务繁忙，我竟然把这一特殊的日子给忘掉了！庆幸的是，当天晚上我要请客，阴差阳错地我又订在了一间酒窖里用餐。一进门，Le Beaujolais Nouveau est Arrivé（薄若莱新酒到来了）几个大字提醒了我！于是乎，赶快下单，与友人开怀畅饮。是的，"开怀畅饮"。我们平常说"品红"，所谓三口为品，小口小口地喝，慢慢地喝。但有一种红酒是可以例外的，是可以大口大口地、欢快地喝的，那就是 Beaujolais Nouveau ！

# 🍇 生于废墟的酒

Beaujolais 是法国地名，位于著名葡萄酒产区布根地的南部。该地区主要种植的葡萄品种是"Gamay"。Gamay 既非名贵品种，所以其酿出来的酒也不易长存。很久以前，Beaujolais 就有一个"新酒节"，最早可能源于人们对酒神 Dionysus 的崇拜，以此新酒表达对金秋丰收的庆贺。但长期以来，该地区所生产出来的葡萄酒都只是 Beaujolais 小地区的、默默无闻的一种葡萄酒。

历史的转折点是 20 世纪 50 年代，经过第二次世界大战的洗礼，人们的思想、观念都有了很大的变化。当时，"及时行乐"的思潮盛行。对此，Beaujolais 产区一位年仅 20 多岁的年轻人大胆地提出了一个观点：红酒应该也能尽早地、欢快地喝！他认为，既然我们 Beaujolais 生产的红酒无论如何也赶不上波尔多、布根地等其他名区的水平，为什么不能改变思路，另辟蹊径，利用自己的优势，生产一种当年就能喝的新酒、一种庆祝的新酒、一种欢快的新酒呢？

于是，薄若莱新酒脱胎换骨，横空出世了！他提出了一句口号："只要喝一口，心情就会好！"并以此为目标来酿造及宣传新酒。这一年轻人的倡议受到了 Beaujolais 当地众多葡萄农及酿造者的积极响应和支持。在大家的共同努力下，新酒的酿造方法终于得以完善，完成了理想中的味道。

# 🍇 新酒的法定日

薄若莱新酒原来并没有固定的上市时间，后法国政府于 1951 年通过法令，规定每年的 11 月 9 日为薄若莱新酒上市的法定日。后来又改为 11 月 15 日。1985 年，法国政府最后确定，将每年 11 月的第 3 个星期四作为薄若莱新酒在全球同步上市的法定日。在法定日的午夜零时之前，严禁在市面上销售薄若莱新酒。但为了让世界上其他国家的酒迷们也能同一时间喝到新酒，允许提早出口，但必须要恪守到法定日才能出售的原则。因此，每年 11 月的第 3 个星期四，就成为了爱酒之人的一个喜庆日子：喝薄若莱新酒去！

有了 2012 年的教训，2013 年我一早就做好了准备。当晚，我约了七八位朋友一起来尝新。Beaujolais Nouveau 是用每年 9 月份收获的葡萄酿造的红酒，一般只用 30 至 50 天酿造，是法国唯一用当季葡萄酿造，又即可在当季品饮的 AOC 级别的红酒，所以 Beaujolais Nouveau 总是充满着新鲜葡萄的芳香。大家杯起杯落，共同分享着新一年葡萄丰收的喜悦！

当然，在大家举杯庆饮之时，有一个人确实值得大家去致意：他就是上文提到的那个充满创意的年轻人——Georges Duboeuf 先生。尽管时至今日，他已经是 80 岁高龄的老人家了，但他的故事、他的传奇，仍然激励着现在的人们！

Beaujolais Nouveau 的最大特征就是清爽、香气浓、涩味淡，有时会伴随轻微的水果酸味。这种口感得益于 Beaujolais 独特的酿造方法：二氧化碳浸泡法（Maceration Carbonique）。这是一种 20 世纪 50 年代

发明的先进酿酒技术，其最大的特色是能够在葡萄的浸泡过程中提取色素、芳香等必要物质，同时仅提取极少的单宁。因此，Beaujolais Nouveau 一方面保留了葡萄新鲜的果香，另一方面又避免了葡萄皮梗酸、涩等单宁带来的影响，犹如一位清新、活泼、可爱的少女！

清新的味道、时尚的观念、公平的价格、完美的推广，这一切使得 Beaujolais Nouveau 推出后广受欢迎。薄若莱新酒先是在巴黎站稳了脚跟，继而在整个法国流行，然后又推向了全世界。今天，全世界共有 140 多个国家与地区进口了薄若莱新酒。每年 11 月的第 3 个星期四，大家都期待着新酒的上市，大家欢迎她，品尝她，庆祝她！今天，品尝薄若莱新酒已成为了时尚与潮流的代名词。

有时我在思考，是什么使得 Beaujolais Nouveau 能够在等级分明、壁垒森严的法国传统红酒世界里突出重围呢？我想，不仅是 Beaujolais 的酒农们所研发的二氧化碳浸泡法，而且更重要的是，Georges Duboeuf 先生给它定义的灵魂：薄若莱新酒的魅力，就是"生命狂喜的味道"！

Monbousquet

黑 马

一个周日的晚上，收到一位律师朋友的电话：他们的一个国内客户明晚将在港搞一个上市的庆祝活动，急需买一批质量稍好的红酒，条件是每瓶不超过港币 500 元。要质量好，又要价格便宜；要马儿跑得快，又要马儿不吃草。世上哪有这样的好事？不过，如果不是这样，我的朋友也不用深夜给我电话了。

第二天上午，我抽空在中环的几间相熟的酒窖转了转。转着转着，突然，眼睛一亮：Château Monbousquet，2004 年，$498 元 / 瓶。就是它！一问，正好有货。于是，马上下单，连同我 VIP 卡的 20% 折扣，最后每瓶红酒不超过港币 400 元，终于不负所托！

次日一早，我的律师朋友专门打电话来道谢，说大家都觉得此酒相当不错，没想到在这样的场合还能喝上这样质量上乘的红酒！于是，皆大欢喜，而其中觉得最有面子的当然是国内的客户了，钱没多花，效果却蛮好。因此，再三道谢！

当然不错了，Château Monbousquet，进步神速的 Saint-Émillion 黑马，行内人喜爱的中价红酒。现在我们仍能以较低价格买到此酒，还真多亏了 2008 年以来香港实施的红酒免税政策。身在香港，我们真的很有口福！

# 🍇 Gerard Perse

Château Monbousquet，位于法国波尔多右岸的 Saint-Émillion 产区，建于 1540 年。长期以来，其酒质及名声均为一般，一直处于该产区众多酒庄中的中游水平。历史的转折点是 1993 年，Gerard Perse 先生买下了此酒庄。

他首先重金聘请了波尔多最有名的葡萄酒工艺师 Michel Rolland 为顾问，对酒庄进行了把脉问诊；接着，他们狠抓质量，从葡萄园的低产量做起，确保获取更好质量的葡萄；最后，投入大量资金更新了设备，改建了酒窖……从 1994 年起，Château Monbousquet 的酒质突飞猛进，在几次盲品酒会上均有非常优异的表现，受到了众人一致的好评。2006 年，她被升级为该产区的"特级酒庄"（Grand Cru Classé）。看来，Gerard Perse 先生的努力与心血没有白费。

然而，Gerard Perse 先生在葡萄酒界却是一位甚有争议的人物。他在法国靠经营 Parisian 超市起家，在全盛时期毅然卖盘套现，一个华丽转身，就投身到了葡萄酒界。Château Monbousquet 是他收购的第一个酒庄；紧接着，他于 1997 年在 Saint-Émillion 产区又收购了 Château Pavie Decesse，于 1998 年收购了 Château Pavie；再接着，他又在 Côtes de Castillou 产区陆续收购了 Château Bellevue-Mondotte、Château Clos Les-Lunelles、Château Clos L'Église 和 Château Sainte-Colombe，组成了一个庞大的葡萄酒王国。

Gerard Perse 先生思想前卫，行事果断，他采用创新的理念和方法来经营葡萄酒庄，曾受到波尔多众多原住酒农们的非议，认为他破坏

了当地酿酒的传统文化。而一次针对 2003 年 Château Pavie 的期货试酒，更是把他推到了舆论的风口浪尖。当年，全世界最有名的两位酒评家：美国的 Robert Parker 先生和英国的 Jancis Robinson 女士发生了一场激烈的笔战。Robert Parker 先生对 2003 年的 Pavie 极为欣赏，给予了 99 分（100 分制）的极高评分；而 Jancis Robinson 女士却认为这款酒"荒唐"，只给予了 12 分（20 分制）的极低评分！

同一瓶酒，却受到了两位顶级高手的两个极端的评价，这在当时，就像十二级地震一样，震动了整个葡萄酒界！也因此引起了诸如美国口味与英国口味、男士口味与女士口味的种种争论。不管怎样，Gerard Perse 先生也从此声名鹊起，远近闻名。

# 🍇 进阶和晋级

我在去年的一篇文章中说过：Saint-Émillion 产区 2006 年的评级引起了一系列错综复杂的法律诉讼，需于 2012 年内再度评级。果然，2012 年 9 月 6 日，新的评级终于产生。而此次评级的最大震撼就是，顶级酒庄 A 除了原有的 Château Ausone 和 Château Cheval Blanc 之外，首次增加了两位新成员：Château Angelus 和 Château Pavie。

Gerard Perse 先生的 Château Pavie？是的！Château Pavie 成了整个波尔多酒区的十大名庄之一？是的！Saint-Émillion 2012 年的评级共产生了顶级酒庄 A4 间（原 2 间），顶级酒庄 B14 间（原 13 间），特级酒庄 64 间（原 61 间），以及特级葡萄园 200 多个。此外，Gerard Perse 先生在该产区的另外两间酒庄 Château Pavie Decesse 和 Château Monbousquet 均继续保留在了特级酒庄级别。至此，我相信，过去关于 Château Pavie 的种种怀疑以及关于 Gerard Perse 先生的种种争议，都已随风而去了！

Château Monbousquet，即是我为这位律师朋友所物色的红酒。与波尔多左岸 Médoc 产区主要采用 Cabernet Sauvignon 葡萄品种不同，右岸的 Saint-Émillion 产区主要采用的是 Merlot 葡萄品种。因此，Saint-Émillion 产区的葡萄酒一般不会单宁味道太重，口感干涩，相反，会容易入口，口感柔和。Château Monbousquet 就具有这种亲和的特征。

我翻看了多年前自己第一次品尝她时的即时品语，上面写着："闻起来香，喝起来顺，没有杂味，口感颇纯；然，层次差些。"是的，喝 Château Monbousquet 不能期望有着与喝 Château Pavie 同样的感受。然而，简单，舒服，便宜，这也就足以让我们去喜爱她了！

Pichon Baron
# 拿破仑法典

2011 年 3 月 17 日傍晚，应朋友之邀，我在香港参加了 Pichon Baron 的品酒会。Château Pichon Baron，中文多译为"碧尚男爵堡"，是我心仪的酒庄之一。它不但有着悠久的历史，而且最近 20 多年来进步神速，不愧为法国波尔多特等酒庄中的二级酒庄。而更为吸引我的是：酒庄的总经理兼酿酒师 Christian Seely 先生当晚也会亲自出席品酒会，这让我对此品酒会增添了不少的期望。

 兄妹酒庄

说起 Pichon Baron，人们一定会自然而然地联想起它的兄妹庄：Pichon Lalande（碧尚女爵堡）。这一对传奇酒庄的故事是怎样发生的呢？原来，这与法国一部伟大的《拿破仑法典》有着直接的关系。

1789 年，法国资产阶级大革命爆发，它所倡导的"自由、平等、博爱"三原则震撼了整个世界。1799 年拿破仑成功发动"雾月政变"，成立新政府不久，他就亲自下令起草《法国民法典》。1804 年 3 月 21 日，这部伟大的法典终于诞生了（后改名为《拿破仑法典》）。这是一部用法律的形式来确立及捍卫法国资产阶级大革命胜利果实的法典，也是一部对近代人类历史进程有着重大影响的法典。

根据这一法典的规定，当原庄主——95 岁高龄的 Baron Joseph 先生于 1850 年逝世时，他的遗产必须得由他的儿子及女儿们平均分配。于是，一个原名为 Château Pichon-Longueville 的酒庄就被一分为二：Château Pichon-Longueville Baron 占五分之二，由两个儿子继承；Château Pichon-Longueville, Comtesse de Lalande 占五分之三，由三个女儿继承。时至今日，当人们评价 Pichon Baron 的酒有男人味，而 Pichon Lalande 的酒有女人味时，实当追溯于此。

当然，如果要进一步追根寻源的话，我们还应该说一说 Pierre de Rauzan 先生。这位老先生早于 1679 年至 1693 年间，就已是波尔多名庄 Château Latour 的主管。他在拉图庄工作期间，一有钱就尽量地把拉图庄附近的大大小小的葡萄园都买了下来，最后终于合并成了 Château Pichon-Longueville。基于同样的投资理念，Rauzan 老先生还在波尔多的另一名庄 Château Margaux 附近，购买了大量的土地，并最终成立了以自己姓氏命名的酒庄 Château Rauzan。

如上所述，Château Pichon-Longueville 后来演变为 Pichon Baron 与 Pichon Lalande 两家酒庄，而 Château Rauzan 则演变成了另外两家酒庄：Château Rauzan-Segla 与 Château Rauzan-Gassies。最令人啧啧称奇的是，这四家酒庄于 1855 年全被评上了波尔多特等酒庄中的二级酒庄。一门四杰，堪称佳话！

# 🍇 每一款酒自有其个性

酒会如期而至，Christian Seely 先生当然也是。这位来自英国，曾在葡萄牙酿造 Port 酒，后又到法国酿造葡萄酒的大师待人彬彬有礼，和蔼可亲。

当晚，我们依次品尝了 Pichon Baron 2007，2005，2004，2000 及 1989 年的红酒。2007 (Robert Parker 评分:90—92)，我的第一感觉是"涩"，显然是喝得太早了。2005 (RP:94)，感觉上是"闷"，还没有放开，但已经开始感受到了这款酒的沉实与厚重。2004 (RP:93) 倒是出乎了我的意料，此酒一喝就颇感"顺"。而且越喝越觉得顺喉，花香、果香、木香此时也已经出来了。其酒体也颇为丰满，富有结构，是一瓶可以早喝的红酒。2000 (RP:97) 一喝就能感受它的与众不同。这酒"浑"，酒身雄浑，层次饱满，假如再多放几年，肯定是一瓶不可多得的好酒。而 1989 (RP:95) 经过陈放多年，很"纯"，入口柔和、纯正，口感舒服，回味更是丰富、悠长。

理所当然，Pichon Baron 1989 成为了我当晚的最爱！但据我了解，1989 年在波尔多不是一个最佳的年份，加上法国 AXA 保险公司 1987

年才把 Pichon Baron 收购下来。在这样的背景条件下，为什么酒庄仍能酿造出如此好的红酒？ Seely 先生毫不掩饰地告诉我：1989 年在波尔多是一个非常特殊的年份，当年的气候特别酷热，葡萄获得了充足的阳光，因而造就了那年葡萄酒的不同凡响。

接着，我再向他请教：您于 2000 年来到 Pichon Baron 主持工作之后，成绩有目共睹。您自己感到最自豪的是哪一年酿造出来的红酒呢？ Seely 先生听后笑了一笑，如数家珍似的说开了：2005，这一年，什么事情都配合得非常地好，气候、葡萄、酿造……它的架构充实，物质丰盈，是一瓶具有大牌酒风范的好酒。但这瓶酒需要耐心等待，现在喝早了一点。2004 年不是一个特别好的年份，但 2004 年的 Pichon Baron 却是一瓶非常典型的 Pichon Baron 酒。它可以现在喝，也可以再存放 20 年。当然了，2000 年的 Pichon Baron 质量同样非常出色，再过几年将会越喝越好喝……

最后我又问他：听说 2009 年的 Pichon Baron 也相当不错 (RP:93—95)？ Seely 先生向我点了点头，肯定地回答："是的，相当不错。"也许，正如 Seely 先生最后向大家致词时所说的：Pichon Baron 每一年的酒都有它自己的特色。因此，它每一年的酒都值得大家去购买，去品尝！

Château Palmer

# 将军、美人与佳酿

在法国波尔多众多葡萄酒庄中，如果有人要问：哪一家酒庄与"将军、美人与佳酿"这一话题最为搭配？我肯定会首推：Château Palmer。

 ## 波尔多的英法情缘

Château Palmer，这一酒庄名字本身就直接来源于英国一位将军 General Charles Palmer（1777 年—1851 年）。是的，是一位英国而不是法国的将军。虽然大家现在都公认波尔多及其葡萄酒是法国与法国人的骄傲，然而历史上的波尔多却与英国及英国人有着千丝万缕的联系。

首先，我们不得不提一位传奇女士 Eleanor of Aquitaine（1122 年—1204 年）。这是一位富有传奇色彩、在中世纪的欧洲史上有着重大影响的女士。她的父亲是 William X, Duke of Aquitaine（阿奇旦公国公爵）。她本人 15 岁时就继承了父亲的爵号，成为了当时整个欧洲最年轻、最富有、最有权势的女公爵。继承爵位三个月后，她就嫁给了 Louis Ⅶ，King of the Franks（路易七世，法国国王），成为了法国皇后（1137 年—1152 年）。

最为神奇的是，1152 年，她与路易七世离婚，八个星期后又嫁给了 Henry Plantagenet，Duke of Normandy（诺曼地公爵）。两年多后，诺曼地公爵继承了英国王位，成为了 Henry Ⅱ，King of the English（亨利二世，英国国王），而她本人也就顺理成章地变成了英国皇后（1154 年—1189 年）。原本属于阿奇旦公国的波尔多地区，也随着主人家身份的变迁成为了英国领土。这一状况延续了整整三百年！直至 1453 年，随着法英百年战争（1337 年—1453 年）的结束，波尔多地区才重新回到了法国的怀抱。

此后，波尔多一直都是法国的领土，但中间也有插曲。1814 年 4 月，欧洲联军在英国威灵顿公爵（Duke of Wellington）的指挥下，成功击败了法国拿破仑大军，并把拿破仑本人放逐至 Elba 小岛，法国的部分地区，包括波尔多，也就暂时成为了欧洲联军的占领地。

当时驻守在波尔多地区的英军首领就是威灵顿公爵手下的一员年轻战将：General Charles Palmer。一次，Palmer 将军在由波尔多去巴黎公干的旅途中，非常偶然地遇上了一位年轻漂亮的法国女士 Marie Brunet de Ferriere。这次与美人的偶遇，造就了波尔多葡萄酒庄的一个

传奇。

Marie 女士是一位新寡妇，她的亡夫 Blaise Jean Charles Alexandra de Gascq 是波尔多当地的一个名门望族 The Gascq family 的继承人。该家族在波尔多拥有不少物业，其中最主要的包括一座位于 Margaux 的葡萄酒庄 Château de Gascq。此次 Marie 女士前往巴黎，就是想找个买主买下她新继承下来的这家酒庄。

传说在几天的漫长路途中，将军和美人相见恨晚，共饮葡萄佳酿，相聚甚欢。美丽、迷人，再加上一点点略带诱惑的推销，使得年轻得志的将军不禁豪气冲天，刚到巴黎就毅然决定买下这座酒庄。根据历史记录，当时成交的条件是：十万元法郎，外加每年免费赠送 Marie 女士 500 公升红酒（即约一天两瓶酒）。结果当然是皆大欢喜！自此，酒庄就被冠以了将军的大名：Château Palmer。

在悠久的岁月中，该酒庄几经波折：1843 年曾被清盘处置；在 1855 年的"波尔多美酒官式分级榜"中也只位列特等酒庄三级酒庄。并且几经易主，今天 Château Palmer 的主人已与将军非亲非故，但是这些都无损"将军酒庄"的威名：它一直在世界各地备受尊敬。

## 🍇 将军的微笑

想知道 Château Palmer 在酒迷们心目中的地位有多高？我不妨举两个例子。首先，大家知道，高层次的酒评时常会把红酒与名画相提并论。反过来，品画如品酒。假如我们在欣赏法国罗浮宫的镇宫之宝《蒙娜丽莎》时，我们会联想到哪一款名酒呢？Château Lafite？Château Margaux？Non，c'est Château Palmer！是的，是 Château Palmer！相信稍微热衷红酒的人读到这里都会会心一笑，明白我说此话的来由。

2004 年，日本出版了一本漫画书《神之水滴》。书中世界著名的葡萄酒评家神崎丰多香在离世之前立下遗嘱：在一年内，谁能够说出他留下的十二支顶级葡萄酒（十二门徒）和第十三支被称为梦幻葡萄酒"神之水滴"的名称和出产年份，谁便能继承他那庞大的遗产。

在这本风靡日本、南韩、港澳台以及东南亚的漫画书中（后来还被拍成了电视剧），第一门徒，是布根地 2001 年的 Chambolle-Musigny, 1ER Gru -Amoureuses；而第二门徒就是波尔多 1999 年的 Château Palmer。与 Château Palmer 相配的就是法国国宝级油画：《蒙娜丽莎》！神秘的微笑配迷人的红酒，果然是 Marriage（绝配）！

另外一个例子是，虽然 Palmer 只为三级酒庄，但它的售价却长期徘徊在一级与二级之间，直逼一级酒庄。事实上，大家都公认，在 1961 年至 1977 年间，Château Palmer 的酒质一直优于同区的一级酒庄 Château Margaux，直到后来 Margaux 再次崛起后，Palmer 才屈居第二。但个别年份，如《神之水滴》所提到的 1999 年，Palmer 就胜过 Margaux。所以，虽然 Château Palmer 只是三级酒庄，但它却一直在波尔多的红酒界、国外的进口商，以及世界各地的消费者之中，广受欢迎。

我喜爱 Château Palmer。前不久，又新进了一箱 2004 年的 Château Palmer。之所以选了 2004 年的，是据闻该年雨水多、果味浓，宜早喝。正好那个周末家里来了两位朋友，其中一位是留法博士，毕业后一直在法国巴黎、中国香港及北京的法国银行中担任高层，是一位名副其实的品红高手。当他喝到 2004 年的 Château Palmer 时，不禁大为称赞！他说起初还觉得有点封闭，但越喝越开放，明显地感觉到了酒自身的不断变化；该酒闻起来香气四溢，喝起来细腻优雅，而且酒身丰厚，余味悠长，真不愧是大牌之酒！最后，他还再三强调：他品尝到了杏仁味！

确实，Château Palmer 一方面由于在种植与酿造的过程中采用了较多的 Merlot 成分（47%），使得酒本身甚为柔顺与圆润；另一方面又由于酒庄的土质属深层砂砾土及沙质砂砾土，它的 terroir(风土特性) 使得酿出来的酒甚为浓郁与雄厚。也许，正是这种阴、阳特性的有机结合与平衡，造就了 Palmer 那独特的迷人韵味。

这就是 Château Palmer：美丽的传说，优质的佳酿。将军与美人，温柔与雄健，多么一脉相承，多么令人神往！

Branaire Ducru

# 法国"周伯通"

周伯通，想必中国人都极为熟悉。他是金庸先生笔下的一名"老顽童"，是顶级武林高手。在葡萄酒界也有一款酒叫"周伯通"，我与它还有些渊源，曾经差点因它而搞出乌龙。

##  酒标的乌龙

国庆节前夕，朋友在国内豪饮后把酒标放到了微信上，其中有一瓶是2008年的 Château Branaire Ducru。我最近喝过多次 2000 年的 Château Branaire Ducru，一看，酒标完全不一样；再细看，法文中也没有 Grand Cru Classé 的"Grand"。联想到国内假酒颇多，我即时在微信上提醒朋友：酒标看似有假，小心点！

这使我想起了著名英国作家 Roald Dahl 1945 年所写的那个精彩的短小故

事：Taste。故事讲述两位朋友就盲品一瓶红酒打赌，赌注从平常的一箱红酒变成了赢则要娶主人家 18 岁的女儿，输则要送两栋大房子的超级豪赌！主人家深信此酒充满挑战、自己稳操胜券，而盲品者则欲擒故纵、卖弄玄虚。故事发展紧凑，充满悬念。最后，当盲品者经过层层抽丝剥茧终于说出正确答案时，主人家几乎晕厥在地！然就在这千钧一发之际，主人家的老管家巧妙地捅破了盲品者事前已看过这酒标的事实，故事情节又急转直下。

"Taste" 这一故事所盲品的那瓶酒，就是 1934 年的 Château Branaire Ducru！朋友看了我的留言后十分重视，立即花时间认真查询，又与我在微信上反复论证，最终证实：此酒标无假！只是近十多年来 Château Branaire Ducru 的酒标反复无常，且变化很大，连酒庄本身的网站与自己出版的 PDF 广告都不一致，容易引起混淆。假酒者云云，原来是虚惊一场，我遂向朋友致歉。

## 🍇 "周伯通" 闯香港

前几年，香港最好的航空公司 Cathay Pacific（国泰航空）在为头等舱挑选尊贵红酒时，也盯上了 Château Branaire Ducru。在此之前，Cathay 头等舱的红酒主要是 Château Lynch Bages。这是一支在香港知名度最高的法国波尔多红酒，它虽身为特等酒庄五级庄，却有着三级、甚至二级庄的水准，素有穷人的 Monton 之称，加上该酒的中文译名为"靓次伯"，容易传播。靓次伯是香港著名的粤剧红伶，其超群的武生唱功和功架无人不晓。

后来，由于 Lynch Bages 水涨船高，价格大涨，Cathay 只好另选新贵了。几经挑选，终于选定了 Branaire Ducru。Branaire Ducru 也是法国波尔多的特等酒庄四级庄，近年来水准一直上升，但价格却颇为稳定。2006 年 3 月 3 日，Cathay 在香港举行了一个隆重的 Château Branaire Ducru 中文命名仪式，宣布以金庸先生著名武侠小说《射雕英雄传》的小说人物"周伯通"为其中文名。

在金庸先生笔下，周伯通是一名老顽童！他，辈份很高却童心常在；武功卓越却不拘小节。以此名配 Branaire Ducru，形似神更似！金庸先生还亲自题字，印有其题字的 100 瓶 2000 年的"周伯通"，以每支 3000 元港币作为慈善拍卖。一时间，Château Branaire Ducru 在华人圈名声大振，"周伯通"备受欢迎！

## 品伯通如听元曲

Château Branaire Ducru 历史悠久，最早可追溯至 1680 年。它曾是另一著名酒庄 Château Beychevelle 的一部分，后来由于债务问题，Beychevelle 被迫分拆出售。几百年来沉沉浮浮，现任庄主 Patrick Maroteau 先生是于 1988 年买下此酒庄的。虽然他原来并不是干这一行的，但他肯下血本，高薪聘人，新建厂房，严控质量。终于，光辉再现！自 2000 年以来，Branaire Ducru 已被行内公认为 Saint-Julien 产区顶级红酒之一。

Saint-Julien 产区比较特别：它既没有特等酒庄的一级庄，也没有五级庄，却有不少的二级庄（5 家）、三级庄（2 家）和四级庄（4 家）。总之，给人的感觉就是，买该产区的酒，不过不失，非常的稳妥。曾有前辈把与之北邻的 Pauillac 产区的酒比喻为一阕宋词，把与之南邻

的 Margaux 产区的酒比喻为一首唐诗，而将 Saint-Julien 产区的酒比喻为一首元曲！它既不像宋词那般旖旎缠绵、复杂多变，也不像唐诗那样高山流水、典雅隽永，却似元曲那般易于上口，容易品味，不用细尝也能感受得到那种自然的美。

Château Branaire Ducru 就具有这种自然美：果香奔放，单宁结实，酒味醇厚，强劲而不失优雅，复杂而不失活跃。清闲时分，开一瓶 Branaire Ducru，一边品着此酒，一边想着 "Taste" 的故事情节，一边练着周伯通的左掌右拳，倒也觉得十分逍遥自在。

Chasse Spleen

忘忧酒

大约三年前，有一次岳母在老家单独外出，不幸被一辆汽车撞倒。消息传来，夫人极度担忧，心急如焚。半天下来，她自己竟也如同得了一场大病，身心疲惫。我除了极力安抚她之外，其实也帮不上什么大忙。晚上吃饭时，考虑再三，我开了一瓶 2000 年的 Château Chasse Spleen。此酒不算法国的顶级红酒，但她却有着一个与众不同的中文名字，"忘忧酒"！我就是冲着这个名字打开它的，希望夫人喝了此酒后，忧愁全忘！

 拜伦和波德莱尔

此酒是否真的具备"忘忧"作用，我不知道。但当晚夫人由于伤心过度，借酒消愁，比往常多喝了几杯，故很快就醉倒了，如此，反而难得地睡了一个安稳之觉。

关于 Château Chasse Spleen 的法文名字，也有两个传说，都是与著名诗人有关。其一与英国著名诗人拜伦（Lord Byron，1788 年—
1824 年）有关。传说拜伦曾于 1821 年到访过此酒庄，在喝过主人款
待的佳酿后，感叹地吟了一句诗："Quel remede pour chaser le spleen
（真是驱除忧郁的灵丹妙药啊）！"其二是与法国著名诗人波德莱尔
（Charles Baudelaire，1821 年—1867 年）有关。传说波德莱尔也到访
过此酒庄，对此酒印象深刻。他 1857 年出版的代表作《Les Fleurs du
Mal（恶之花）》中的第一部分就叫做 Spleen et ideal（忧郁与理想）。

关于拜伦的传说流传甚广，但我个人认为关于波德莱尔的传说应
更为真实，一个明显的理据就是，在今时 Château Chasse Spleen 所采
用的酒标上，我们还可以清晰地看到上面印刷着波德莱尔"忧郁与理想"
中的一句诗：J'ai plus de souvenirs que si j'avais mille ans（我若活千岁，
也没有这么多的回忆）。

##  坎坷评级路

"忘忧酒"虽然有 400 多年的历史，
但成名较晚，错过了波尔多 1855 年的
Grand Cru Classé 评级。但大家知道，在波
尔多，除了 1855 年的 Grand Cru Classé（一
般译为"特等酒庄"）评级之外，还有一
个 1932 年的 Cru Bourgeois（一般译为"中
级酒庄"）评级。这一评级不是由法国官
方机构，而是一个非官方的商会"波尔多
贸易与农业商会"评定出来的，分三级，

共 444 家酒庄。

当时，Château Chasse Spleen 就已被评为 6 家最高级的 Crus Bourgeois Superieurs Exceptionnels 之一！直至 2003 年，商会再次把 Crus Bourgeois 酒庄数量大幅度精减至 247 家后，才终于获得了法国农业部的官方正式承认，被视为 Grand Cru Classé 的一个辅助级别。其中，被评为最高级 Crus Bourgeois Exceptionnels 的有 9 家，第二级 Crus Bourgeois Superieurs 有 87 家，第三级 Crus Bourgeois 有 151 家。而 Château Chasse Spleen 毫无悬念，再次被评为最高级的 Crus Bourgeois Exceptionnels！

遗憾的是，因为一些被刷下来、或未能入围的酒庄提起法律诉讼，法院最终判决 2003 年的 Crus Bourgeois 名单无效。在法国，这样的法律诉讼是经常发生的，不胜其烦的！直至 2008 年，Crus Bourgeois 终于再次成为法国的官方酒庄评级之一。但与以前不同的是，该称号使用权仅限于一个年份（2008 年的葡萄酒），且没有三级的分别，统一称为原普通级的 Crus Bourgeois，共 243 家酒庄。理所当然，Château Chasse Spleen 退出参选这一评级。

顺笔多写一句，在波尔多，比 Crus Bourgeois 更低一个级别的，还有一个法国的官方酒庄评级，这就是 2006 年的 Cru Artisan（一般译为"艺术家酒庄"）评级。它只有一个级别，共 44 家酒庄。

其实，在众多行家的眼里，Château Chasse Spleen 早已达到 Grand Cru Classé 的水准，是价廉物美的优选。以我上述喝过的 2000 年的"忘忧酒"来说，香味突出，含有多种果香气味；酒身浓烈、口感复杂、厚实平衡，不愧是一瓶好酒！

## Troplong Mondot
# 温柔的葡萄酒

上个月的一个周末，我因公出差成都。傍晚时分，打了个电话回家。电话的另一端，太太告诉我：今天，X女士带来了一瓶 1995 年的 Château Troplong Mondot。此时此刻，她正在家里与X女士一起品尝红酒。此酒来头不小：她是法国波尔多右岸 Saint-Émilion 的红酒新贵，刚于 2006 年的评级排名中晋升为顶级酒庄 B。

 ## 1855 年葡萄酒分级制度

　　关于 Saint-Émilion 的评级，有一段有趣的故事。众所周知，波尔多葡萄酒产区分为左岸与右岸两大区域。但当人们说起波尔多红酒时，相信绝大部分人的脑海里首先闪出来的是 Médoc(梅多克区) 的红酒。

有一句俗语：世界红酒看法国，法国红酒看波尔多，波尔多红酒看梅多克。当然，这首先得归功于世界闻名的 La classification officielle des vins de Bordeaux de 1855（1855 年波尔多美酒官式分级榜）。

1855 年，法国首次在巴黎举办世界博览会，波尔多左岸，特别是梅多克区，由于靠近对外码头，故大部分酒庄都参加了此次会展。而与之一河之隔的波尔多右岸，由于当年的交通不便（或重视不够，或其他原因），竟没有一家酒庄参加会展。更为重要的是，根据当时拿破仑三世的指令，为了让世人更好地认识及欣赏法国波尔多的美酒，法国自己还首创了一套葡萄酒的评级制度，这就是上述的"1855 年波尔多美酒官式分级榜"。

这一评级制度的产生，犹如一盏指路明灯，为世人在这五花八门、眼花缭乱的葡萄酒世界里提供了一个认识、了解、购买、品尝及收藏葡萄酒的基本依据。它所产生的影响是非常巨大且十分深远的！这下子，波尔多右岸的酒庄们亏大了！时至 1955 年，右岸的 Saint-Émilion 才首次建立起了自己的评级制度，而同为右岸的 Pomerol 至今仍无自己的评级制度！此时，历史的光阴已经流失了整整 100 年！

虽然晚建，但也正是由于晚建，Saint-Émilion 的评级制度明显比 Médoc 的评级制度更为合理与科学。Médoc 的评级制度自 1855 年创立至今，在漫长的 157 年间（编者按：本文写于 2013 年 6 月），总共才有过三次变化：第一次是在 1856 年，Château Cantemerle 被增补为特等红酒五级酒庄；第二次是在 1870 年，名列特等红酒三级酒庄的 Château Dubignon 被并入到了同样是名列三级酒庄的 Château Malescot Saint Exupery；第三次，也就是最令人瞩目的一次，是在 1973 年，Château Mouton Rothschild 由特等红酒二级酒庄晋升为了一级酒庄！

可以看得出来，Médoc 的评级制度并没有一个常设性的机制，来对它进行必要的检讨、监督及更新。这也是为什么后人对此有着诸多的批评：怎能保证 150 多年前达标的酒庄到了今时今日仍能达到它所应该达到的水准呢？这一制度如此僵化，又怎能及时鼓励及肯定其他后来居上的酒庄呢？

相反，Saint-Émilion 的评级制度自 1955 年建立以来，已先后于 1969 年、1986 年、1996 年及 2006 年发生过四次变化，并已逐步形成了一个十年检讨一次的常设机制。如果有任何酒庄在过去的十年中达不到标准，则可能被降级；反之亦然。这一机制给 Saint-Émilion 众多的酒庄们带来了极大的压力，但同样地也带来了极大的动力！

 ## 先生不在家才喝的酒

在最近一次的 2006 年评级中，名列顶级酒庄 A 的仍然是 Château Ausone( 奥松庄 ) 与 Château Cheval Blanc( 白马庄 )；但顶级酒庄 B 就由原有的 11 间增加到了 13 间。这新增加的两间顶级酒庄 B 之一，就是我太太周末所品尝的 Château Troplong Mondot。

但这次评级也出现了麻烦。一些落选的酒庄不满于结果，马上提起了一场法律诉讼。这场诉讼旷日持久，且一波三折，涉及了法国众多的法院和政府部门。最后的结果是妥协的：把 2006 年及 1996 年的两张评级名单合并，有效期至 2011 年底为止。也就是说 2012 年，Saint-Émilion 将被迫提前进行新一轮的评级。不过这个插曲并没有影响到 Château Troplong Mondot。众多评论家对 Château Troplong Mondot 的晋升几乎是众口一词：实至名归！

实际上，美国著名的酒评家 Robert Parker 先生早在 2003 年他出版的《Bordeaux:A Consumer's Guide To The World's Finest Wines》（波尔多：世界最佳红酒消费指南）一书中，就公开为 Troplong Mondot 打抱不平。他指出：依据自 1980 年代中期以来的酒质记录，Troplong Mondot 早在 1996 年的评级中，就应该晋升为顶级酒庄 B 了。在此之前，他还曾给予 1990 年的 Troplong Mondot 99 分的极高评分！

确实，自从现任女庄主 Christine Valette-Pariente 在 1985 年主管酒庄之后，Troplong Mondot 的酒质提升明显，广获好评。女庄主本人就是在这座有着 267 年历史的、美丽而古老的庄园里出生和长大的，对庄园有着极为深厚的感情。Christine 对酿造葡萄酒也有着自己女性的独特领悟，Troplong Mondot 也多少融入了她的品质。

香港知名品红家麦萃才先生在 2010 年出版的《法国波尔多顶级佳酿》一书中评论道："可能是女性酿酒的关系，Troplong Mondot 的酒多了一份女性化及温柔的感觉。在年轻之时已是十分平和，容易接触，可以早饮。"看来，Troplong Mondot 确实名不虚传：是一瓶当先生们不在家时而由女士们专享的红酒！

如今，Christine 的女儿 Margaux 也已长大成人，正跟随她的父母在酒庄里学习经营酒庄和酿造葡萄酒。想必不久之后，她就能成长为一位有自己独特想法和能独当一面的酒庄成员。我们有理由相信：Château Troplong Mondot 的女性化特性还将会继续承传下去。如是，则各位女士们：你们有口福了！

Smith Haut Lafitte

# 倒置的皇冠

最近，在几个不同的场合，都喝到了 Château Smith Haut Lafitte。因此，就在微信上写了几句随想。其中，一位女性朋友点评："感觉酒标应该会有什么故事。"于是，我上网查了查资料，果然，女性的直觉就是厉害，该酒标还真有一段说法。

早在 1365 年，属于皇室贵族的 Boscq 家族（the noble house of Verrier Du Boscq）就买下了这块土地建造葡萄庄园。该庄园的酒标图案比较独特，初看很难知道它究竟是什么，要细看才会发现，图案中央的徽记是一个倒置的皇冠！这是由于 Boscq 家族虽然属于皇族，但又不是正统的皇族，因此才把皇冠倒置。而皇冠下面的月牙则代表着酒庄所处的地理位置——法国波尔多海湾。

# 时光深处的人物

酒庄历史悠久，猛人多多。18 世纪，著名的英格兰航运家 George Smith 买下了这一酒庄，他不但把此酒运到了英国及世界各地，还把自己的名字加入到了酒庄的大名之中；1842 年，当时的波尔多市长 Duffour Dubergier 从母亲手中继承了这份产业；1958 年，法国大型的葡萄酒商 Louis Eschenauer 公司收购了这一酒庄；1990 年，法国前滑雪冠军 Daniel Cathiard 成为了酒庄的新主人……

每一次新庄主的到来，都会对酒庄投入大量的资金，对其进行升级改造。正因为如此，Château Smith Haut Lafitte 逐步地进入了波尔多顶级酒庄的行列。1855 年，正是在 Duffour Dubergier 担任波尔多市长期间，他主持制订了闻名于世的 1855 年波尔多顶级酒庄分级制度，但他显然没有以权谋私，没有把属于自己的 Château Smith Haut Lafitte 放进顶级酒庄的单子里面。该单子共分五级、61 家顶级酒庄，其中，60 家全部来自波尔多左岸的 Médoc 区，只有 1 家来自与 Château Smith Haut Lafitte 同区的 Graves 区，这就是更加大名鼎鼎的、被评为一级顶级酒庄的 Château Haut-Brion。

Graves 本身则迟至 1953 年才开始考虑制订自己的顶级酒庄评级制度，经过六年的历程，终于在 1959 年正式公布了 Graves 顶级酒庄名单表。与上述 1855 年的单子不同，Graves 只有一个级别（Grand Cru Classé），不再细分二、三级；且排名不分先后，只按字母排列；还同时包括了红葡萄酒与白葡萄酒。Graves 共评出了 16 家酒庄为顶级酒庄，其中，红酒有 13 家，白葡有 9 家，有 6 家是同时评上红、白葡萄酒的。本文所说的 Château Smith Haut Lafitte 就金榜题名，与 Château Haut-Brion 等 12 家红酒顶级酒庄齐名。

## 🍇 冠军的葡萄酒

实际上，更为人津津乐道的是之后的故事。1990 年，Daniel Cathiard 入主 Château Smith Haut Lafitte 酒庄。Cathiard 夫妇原都是著名的滑雪运动员，都曾代表法国参加了 1965 年的冬奥会，并获得了冠军。退役后，他们经营着一家连锁运动品牌店 Go Sport。Go Sport 发展迅速，不但在法国，而且在其他欧美国家也有诸多分店。同时，Daniel 还帮助打理家族的超级市场业务，并最终将其发展成为法国第十大超市连锁集团。1990 年，夫妇俩将自己所有的生意、股份卖掉，将套现的资金购买了 Château Smith Haut Lafitte。

在这之前，他们俩都是种植及酿造葡萄酒的门外汉，但就是凭着那股永不言败的体育精神，他们硬是在波尔多的葡萄酒世界里打出了自己的一片新天地。今天，大家都公认：正是由于 Cathiard 夫妇的投

资、热情与努力，Château Smith Haut Lafitte 已经更上了一层楼。例如，在欧洲酒评团举办的 30 款 2001 年波尔多佳酿盲品比赛中，Château Smith Haut Lafitte 荣获第一名。又如，对 2009 年的 Château Smith Haut Lafitte，世界最著名的酒评家 Robert Parker 给出了 100 分的满分！

如今，故事还在继续。Cathiard 的女儿 Mathilde 在大学时结识了现在的丈夫 Bertrand Thomas，大家志同道合，一起研发出了利用废弃的葡萄籽提炼抗衰老及去皱纹的护肤产品。他们二人后来成立了一间化妆品公司 Caudalie。Caudalie，法文意即"回味"，一个与葡萄酒有关的名字。

现在，当人们前往参观建筑宏大的酒庄时，不但可以看到古老的城堡、繁忙的车间、巨大的酒窖、洁净的宾馆、高档的餐厅、漂亮的花园、艺术的雕塑等，而且还可以前往 Caudalie 开设的 Spa 做一次难得的葡萄 Spa ！在这里，男人可以品饮红酒，女人则可以做 Spa。光是这么想一想，就已经足够吸引人的了！

Beaucastel

## 管弦乐演奏

 ## 遭遇退酒

终于碰上了一宗不希望发生的事情：退酒！

前不久，我到了一家相熟的酒窖随便看看，发现酒柜上摆有 Château de Beaucastel，Châteauneuf-du-Pape。这是一款我喜爱的红酒。一问，仍有两支 1996 年及八支 1998 年的，于是全部买下。

当晚，我迫不及待地开了一支 1998 年的。一开瓶，就傻了眼：颜色混浊，呈淡棕色，这可不是什么好征兆！一嗅，香气非常微弱，整瓶酒有气无力似的，再一品，明显的平衡已无，骨架已散，只觉得酒精味道特别浓呛。连我夫人都马上指出，此酒已坏！我知道，这一次碰上了！但凡喝酒的人都知道，偶尔地，你会碰到一支或运输不当，或储存不妥，或瓶塞受染的红酒，这属可理解的、可接受的范围。事隔两周，我再开了一瓶，还是 1998 年的。结果还是令我感到吃惊与失望！没有办法，只好把余下的酒全部拿回去退掉！

# 经典的 Château de Beaucastel

虽然有此经历，但并不影响 Château de Beaucastel 在我心目中的高大形象。不久前，我就曾以此酒（1998 年）款待一位专写美酒美食的记者朋友。差不多两个多小时的品红中，她对此酒赞不绝口，从最开始的浓烈色泽，到中途的黑松露菌香味，至最后演变出来的甘草韵味。酒后，她写道："闪耀着阳光温度的美酒，在她 16 岁的芳龄邂逅于这个冬日夜晚。也难得气定神闲地品鉴完一瓶弥足珍贵的酒，从初绽到怒放到完美谢幕的种种味道。"

是的，这是一款值得称赞的美酒！

这款酒产于 Rhône。Rhône 产区共有 171 个村庄，分南北两个部分。北部主要是陡峭的山坡，属大陆型气候；南部则主要为广阔的平缓地带，属地中海型气候。此产区的酒的共同特点就是阳光充沛，酒精度高，劲力强横！

Rhône 的葡萄酒分类自成一体，共分为三个等级，由低至高分别是 Côtes du Rhône，Côtes du Rhône Villages，Cru。Cru 是指最优异的村庄，共有 16 个，南北两部各有 8 个，平分秋色。Rhône 北部最出名的村庄有两个，Côte-Rôtie 和 Hermitage。南部最出名的村庄则是 Châteauneuf-du-Pape。而在 Châteauneuf-du-Pape，最经典及最著名的酒庄相信非 Château de Beaucastel 莫属了！

Château de Beaucastel 是一家发源于 16 世纪中、有着 400 多年历史的名庄。现任庄主也已有五代传承。该酒庄现共生产 6 款红、白葡萄酒，其中，以 Château de Beaucastel，Châteauneuf-du-Pape 最为经典。这是一款公认的高品质的红酒。在法国，几乎所有的高级餐厅及葡萄酒专卖店都会备有该款珍酿。而酒庄本身对该款红酒的要求非常严格。为了控制品质，当地法律有一规定：每个酒庄每年葡萄总收成的 5% 必须舍弃不用。Château de Beaucastel 为了酿造 Châteauneuf-du-Pape，1991 年舍弃了 50% 的葡萄，1996 年舍弃了 30%，2002 年 100% 舍弃！

但说到"经典"，Château de Beaucastel，Châteauneuf-du-Pape 最为经典的地方还在于，它是一款用足了当地法律所允许的 13 种葡萄品种混合酿造而成的葡萄酒！其实，根据 2009 年的条例，由于细化，实际上现已允许使用 18 种葡萄品种酿造葡萄酒。

这需要对每种葡萄品种有多少的了解？需要对它们之间的长短有多少的认知？需要对它们各自的分量有多准的拿捏？在我眼里，品这款酒，就好比在欣赏一场交响乐。它既不同于布根地单一葡萄品种的小提琴独奏，也不同于波尔多 3 至 5 种葡萄品种的室内乐团合奏，它是一场真正的管弦乐团演奏：场面宏伟，高潮迭起，气势磅礴，韵味无穷！

这，就是 Château de Beaucastel 吸引人的地方。

Provence

# 玫瑰红

9月初,游了一趟法国南部的 Le Provence( 普罗旺斯 )。还在空中临窗远眺,机舱外,一片蓝色,是天空? 不,仔细一看,才发现那是海洋! 对,深蓝的是海洋,浅蓝的才是天空。放眼极舒,真正的水天一色! 不久,便看到了绿色的树林,红色的屋顶,白色的沙滩……一个五彩缤纷的 Nice 到达了。

游普罗旺斯,印象最深刻的就是她的颜色。我相信红橙黄绿青蓝紫,世上每一种颜色都能在这里找到自己的伙伴。这,也就解释了为什么在这片美丽的土地上,哺育出了众多驰名于世的伟大画家,如印象派大师 Renoir（雷诺）、后印象派巨匠 Van Gogh（凡·高）、现代派之父 Cezanne（塞尚）、野兽派创始人 Matisse（马蒂斯）、立体派鼻祖 Picasso（毕加索）等等。普罗旺斯,真是艺术家的世外桃源。

##  普罗旺斯的玫瑰红葡萄酒

在普罗旺斯,还有一种艺术家,他没有画笔,没有颜料,却画出了一种玫瑰红的颜色。这就是普罗旺斯特有的葡萄酒的颜色。普罗旺斯是法国最古老的葡萄酒产区,最早可上溯到在地中海沿岸定居的古希腊移民。这里由于阳光充足,极宜葡萄树生长。然,与众不同的是,除了白葡萄酒与红葡萄酒,普罗旺斯更多的是生产一种名叫 Vin Rose

的玫瑰红葡萄酒。这是一种颜色犹如初开之玫瑰花，淡淡的、浅浅的、粉粉的葡萄酒。

据介绍，普罗旺斯所生产的 Vin Rose 占其整体葡萄酒产量的 70%，红葡萄酒占 25%，白葡萄酒占 5%。而普罗旺斯所生产的 Vin Rose 又占了整个法国 Vin Rose 产量的 50%。可以想象，在普罗旺斯，"满城尽是玫瑰红"。大街小巷、山上海边、室内户外，到处都能看得到玫瑰红葡萄酒。玫瑰红这种淡淡的美丽色彩已经完全融入到了普罗旺斯的生活里。

我曾读到过一段关于玫瑰红葡萄酒颜色的描述："我开始喜欢玫瑰红葡萄酒，是被她那种新鲜可爱的粉红色所吸引，清纯秀丽而不明艳逼人。看起来，有些朦胧的遐想，虽然不让人面红耳赤、心跳加快，却仿若让人回到了情窦初开的学生时代……"

描述得实在精彩！

实际上，玫瑰红葡萄酒的色彩与玫瑰无关，也不是靠混合白葡萄酒与红葡萄酒而得（在法国的法律上，这是不允许的，但玫瑰红香槟可以例外）。玫瑰红葡萄酒的酿制方式主要有两种：一为浸泡，一为压榨。如是浸泡，时间不能过长，一般为 12 至 24 小时；如是压榨，力量不宜过重，一般只是轻压。两者都是为了摄取酿造原料红葡萄的部分色素，淡红即可。整个酿造过程完成时，把淡红的葡萄酒装入透明的玻璃瓶，透视清澈，色彩温柔，格外迷人！

普罗旺斯的 Vin Rose 最大的特点是价廉物美。从几欧元到几十欧元一瓶，任君选择。此外，它口感清香，既没有红葡萄酒那么涩，也没有白葡萄酒那么酸，容易入口。还有，它的酒性趋中，既可以搭配新鲜鱼虾，也可以搭配烧烤红肉。因此，玫瑰红甚受普罗大众的欢迎。据说在法国，每卖出 10 瓶葡萄酒，就有 5 瓶是玫瑰红。

 ## 普罗旺斯的记忆

我在普罗旺斯的记忆，也和玫瑰红的颜色混在一起。

在 Saint-Tropez 的那天中午，烈日当空，阳光普照。我们游玩到了中午时分，口干舌燥，就选了一间临海的餐厅，很自然地叫了一瓶冰镇的玫瑰红。开瓶一喝，顿觉清心润肺，浑身透爽！玫瑰红，宜在太阳底下喝。

在 Cannes 的那天晚上，就着青口、海鱼、龙虾汤，喝着玫瑰红。此时，真是觉得汤更鲜，肉更美，酒更醇。无需其他，简简单单的搭配就已令人心满意足！玫瑰红，宜伴海鲜一起喝。

在 Frejus 的那天中午，沙滩餐厅上有大小近百张桌子，全部满座。放眼一看，尽是一片淡红！每张桌子上至少都有一至两瓶玫瑰红。此时，杯起杯落，欢声笑语！玫瑰红，宜与朋友欢乐喝。

最难忘的是在 Sainte Maxime。那天黄昏，我们坐在伸出海面的餐厅上。夕阳徐退，落霞满空，海阔天低。突然，我发现，酒瓶里玫瑰红的颜色，与天边落霞的颜色一模一样！再接着，我又发现，她们的颜色与我身边佳人脸上微醺的颜色，也是完全一样的！难道是希腊海神把天上的彩霞偷下人间，装进酒瓶，继而转移到了女士们的脸庞上？于是乎，美丽得以延续，美色得以永存？玫瑰红，最宜是在浪漫时分喝！

玫瑰红，已成了普罗旺斯的又一代名词。到了普罗旺斯，怎能不喝玫瑰红？从普罗旺斯回来，又怎能不忆玫瑰红？此时此刻，品着一口玫瑰红，我的耳边响起了 Edith Piaf 的 "La Vie en Rose"（玫瑰人生）：

Quand il me prend dans ses bras（当他拥我入怀）

Qu'il me parle tous bas（低声对我说话）

Je vois la vie en rose（我看见玫瑰的人生）

……

## Côte-d'Or

# 黄金山坡

2014 年 7 月，与家人重游法国。在巴黎参观了几天博物馆后，驱车南下，直奔法国产酒重地：布根地！我们选择在 Beaune 小镇落脚，因为它正处于布根地最佳产区 Côte-d'Or 的中心位

置：北面是 Côte de Nuits，南面是 Côte de Beaune。这是一个具有悠久历史的古老小镇，一切的一切都与葡萄酒有关。英国大文豪莎士比亚曾借《李尔王》说过一句名言："罗马帝国征服了法国，而 Beaune 却征服了罗马帝国。"

 ## 明星葡萄园

酒店的总经理 Jean-Claude Bernard 先生开了一瓶香槟迎接我们。当问到两个未成年的小孩是否宜饮时，他乐呵呵地回答："喝吧，喝吧，我们这里无论男女老少，都是把葡萄酒当水喝的……"

第二天一早，当地导游依时来接我们。哗，葡萄树！葡萄树！放

眼望去：一片绿油油，近处是平地，远处是山丘，葡萄树一排接一排，葡萄园一块接一块……连绵起伏，景色如画，秀丽极了！

这就是世界闻名的 Côte-d'Or。布根地 33 个 Grand Cru 葡萄园中，有 32 个就产自于此地。Côte-d'Or，中文译名为"黄金山坡"。以现时这里所产的明星酒的身价，确是贴切不过。

导游带我们参观了一块又一块的葡萄园，粒粒巨星，个个辉煌：Romanée-Conti，La Tache，Richebourg，Echezeaux，Chambertin，Clos de Beze，Bonnes Mares，Les Musigny，Corton-Charlemange，Montrachet……由于早已在书本上认识她们，并且神交已久，故虽是初次见面，却也倍感亲切！

布根地共有 4900 家葡萄酒生产商（domains），61% 为白葡萄

酒，39% 为红葡萄酒；100 个 A.O.C. 产区，分 4 级葡萄酒：最高级是 Grand Cru 葡萄园，然后是 Premier Cru，Village 和 Regional 葡萄园。Grand Cru 葡萄园有 33 个，占总产量的 0.8%；Premier Cru 有 562 个，占 5.2%；Village 有 52 个，占 30%；Regional 有 26 个，占 64%。一般来说，Grand Cru 的葡萄园都位于山丘向阳的上端位置，然后接下来的山坡是 Premier Cru 的葡萄园，坡地与平地的连接处是 Village 的葡萄园，完全平地的地方是 Regional 的葡萄园。

布根地的葡萄园最让人困扰的地方就是：同一名称的葡萄园，其拥有的生产商可能会多达几十个！这是由于当年法国资产阶级革命爆发时，此地的革命进行得十分彻底。品尝及购买布根地的葡萄酒确实常常让人为难，然挑战与机会并存，这里又确实生产出不少全世界最顶级的美酒。因此，布根地，是真正爱酒之人的探险乐园。

当导游带领我们远看一座房子、继而带领我们参观一块葡萄园，并告知我们这就是大名鼎鼎的 Romanée-Conti 的酿酒厂房及其葡萄园时，我简直不敢相信！没有雄伟的城堡，没有奢华的装饰，一切都是那么的平凡，一切都是那么的简朴！导游告诉我们：这就是布根地人的典型风格，做事实在，为人低调，但追求的却是高质量、高品位！

## 🍇 光荣的三天

来到 Côte-d'Or，有一个地方我是一定要去参观的：Château du Clos de Vougeot。这是一座有着近千年历史的修道院，现在是 Chevaliers du Tastevin（葡萄酒骑士团）的总部。此处为布根地最著名的旅游景点之一，每天来此参观的人络绎不绝。而当我戴着骑士团特有的品酒小金碗前往参观时，享受到了身为一位骑士的荣耀：一路畅通无阻。

来 Côte-d'Or 游玩的一个重头戏就是：品酒！导游每天安排我们品尝 3 至 4 家酒商的葡萄酒，每次都是先白后红，先 Regional，后 Village、Premier Cru，最后 Grand Cru；加上中餐的葡萄酒，晚餐的葡萄酒（酒店连早餐也提供葡萄酒！），整个人从早到晚都是醉醺醺的，真是快乐似神仙！

在 Côte-d'Or，最难过的莫过于听到了这么一个消息：就在我们到访前的 6 月下旬，一场突如其来的夏日冰雹，袭击了 Côte de Beaune 南部，致使其几个主要产区如 Pommard、Volnay、Monthelie、Meursault 损失惨重（多达 70% 至 80% 的损失）！而祸不单行，这已经是连续三年如此了！种植葡萄，从本质上来说还是一个靠天吃饭的

农活。酒农们辛辛苦苦近一年，眼看就要丰收了，却要遭受如此天灾，真是闻者心痛！

临走前的早上，我们参观了 Beaune 最出名的建筑物：Hôtel Dieu。这是布根地公国的财政大臣在 1443 年创立的 Hospices de Beaune（济贫医院）的所在地。爱酒之人都知道：整个布根地每年最丰盛的大事，就是 11 月的第 3 个星期六、日、一，在 Beaune 所举办的 Les Trois Glorieuses（光荣的三天）的活动，就是为了庆祝每年的葡萄丰收而举办的、连续三天的大型庆典活动。第一天主要是在 Château du Clos de Vougeot 晚宴，第二天则是在 Hospices de Beaune 举行葡萄酒拍卖，第三天轮到在 Château de Meursault 午餐。济贫医院的葡萄酒拍卖，每年都会吸引到众多的酒商、投资者、爱好者等从世界各地云集此地，恭逢其盛。究其原因：既可喝红酒，又可做生意，更能做慈善，何乐而不为？

Côte d'Or，我心中的葡萄酒圣地，终于来了，见了，朝拜了……满载而归！

# 辑二

## 【红】情缘谊：那些人与那些「葡萄」

一处风景倘若没有人，就如同一碗鲜汤没有盐，一瓶葡萄酒没有记忆。沉醉于一瓶葡萄酒，不仅是因为它的口感，还有里面的人的故事，陪我们品饮的对象。一瓶酒因一个人兴，一个人因一瓶酒醉，有人，才会有故事。品红，品的也是那些情谊。

Barbier:

# 只有傻子才会喝水

2012 年 12 月 21 日是个特别的日子，它是中国农历的"冬至"，也是玛雅日历的"世界末日"。这一天，法国"葡萄酒骑士团"（Confrérie des Chevaliers du Tastevin）专门在中国北京组织了一场品酒晚会。而远在法国布根地总部的第 1 号人物大统领 Vincent Barbier 先生和夫人 Fabienne 女士、第 2 号人物大管家 Louis-Marc Chevignard 先生，以及一支由布根地酒农们组成的骑士合唱团专程飞抵北京出席了本次晚会，更使得此次在特殊时间、特殊地点所举行的品酒晚会，格外令人向往。

 ## 葡萄酒骑士团

众所周知，葡萄酒骑士团成立于 1934 年。当时，受美国 1929 年大萧条的影响，全球经济一落千丈，而位于法国布根地的酒农们千辛万苦酿造出来的葡萄酒全都很难销售出去。一桶桶、一瓶瓶的葡萄酒把屋顶都挤满了，怎么办？

这时，就有人站出来建议：既然卖不出去，那我们就自己喝吧！于是，葡萄酒骑士团应运而生。取名"葡萄酒骑士团"，就是想发扬中世纪的骑士精神，面对困境无所畏惧，勇往直前。于是乎，骑士团的骑士们经常聚在一起，一边喝酒，一边唱歌，以乐观的心态面对那苦难的岁月。时至今日，这一组织已经演变成为了一个由酒农、酒商、专家及爱酒人士等组成的、旨在宣传及推广法国布根地葡萄酒的大型组织，共有约 12000 名骑士、12 个分会、48 个支会，遍布全世界。

布根地也确实需要这么一个民间组织。从历史上看，由于法国资产阶级革命在布根地进行得非常彻底，所有的葡萄园都分割给了众多酒农。这样一来，一个葡萄园，会属于多个酒农共有。由于同属一个葡萄园，大家都使用同一个名字，但种植、酿造方法各异，水准不一，很容易张冠李戴，鱼目混珠。

比如说 Clos de Vougeot，是布根地最大的特级葡萄园，但该葡萄园却被划分成了 107 个区块，归 80 人所有。作为消费者，我们又怎么能区分出哪一家酒农所生产出来的 Clos de Vougeot 是真正达到了"特级"的水平呢？这时候，葡萄酒骑士团的作用就发挥出来了。每一年，他们都会进行两次大规模的葡萄酒试饮，从中挑选出他们认为优良的葡萄酒产品，并且允许酒农们在酒瓶上贴上骑士团特制酒标。如在 2012 年 9 月，他们就组织了一个 280 人的专家团，对布根地的 724 款葡萄酒进行了品尝，并选中其中的 263 款，给予可以贴上骑士团的酒标的权利。这样一来，消费者们就有了一个挑选的依据，从而增强了购买布根地葡萄酒的信心。

可以毫不夸张地说，近 80 年来，葡萄酒骑士团对在世界上推广布根地葡萄酒确实做出了巨大的贡献。他们已经成为了布根地葡萄酒业的精神领袖，受到了人们广泛的认同与尊敬。

## 🍇 布根地的歌声

当晚的品酒晚会首先举行了一个简短而隆重的吸收新骑士的仪式，我也是新骑士之一。大统领 Vincent Barbier 先生代表骑士团致词。他说，"我们每一个人都应该喝布根地的葡萄酒，只有傻子才会喝水"；"喝葡萄酒会使人舒经活络，消除疲劳，长命百岁"；"你们今后要大块吃肉，大碗喝酒"；"今晚你们要把全部的酒喝光，而且还要能走着直线回家……"。

他的这些饱含法式幽默的致词，引起了人们一阵阵的欢笑。接着，大统领手握一根中世纪的、古老的葡萄树根在每位新骑士的肩上轻轻地敲打了三下，以葡萄酒神的名义祝福新骑士；而大管家 Louis-Marc Chevignard 先生也为每位新骑士戴上了一个金色的小酒碗；据说这一个小酒碗，是过去布根地酒农们随身携带的工具之一，方便随时随地品尝葡萄酒。最后，由我们五位新骑士用法语进行宣誓：Jamais en vain, toujours en vin。这句话译成中文就是"酒瓶一空，劳而有功"。这激励着我们每个人都将酒瓶喝空，向这些骑士致敬，向酒农致敬，向我们自身致敬。

当晚的葡萄酒全部由法国布根地专程运送过来。第一轮是来自

Meursault 的白葡萄酒 Les Tillets2010，Domaine Yves Boyer-Martenot。这款酒果仁飘香，入口圆润，正适合打头阵。

第二轮是来自 Puligny-Montrachet 的白葡萄酒 Sous le Puits，Premier Cru 2007，Pierre Bouree Fils。这款酒色泽金黄，口感清爽，与主厨精心准备的鳕鱼极为相配。

第三轮是至为关键的酒，这是来自 Vosne Romanee 的红葡萄酒 Clos des Reas，Monopole，Premier Cru 2007，Domaine Michel Gros，酒质淳朴，入喉细腻。作为一支由白转红、承上启下的红酒，它是相当称职。

第四轮是来自 Vosne Romanee 的红葡萄酒 Malconsorts，Premier Cru 2001，Pierre Bouree Fils，柔和优雅，回味颇长，真不愧是来自最伟大酒村的酒。

第五轮是来自 Morey-Saint-Denis 的红葡萄酒 Clos de la Roche Grand Cru 2009，Domaine Pierre Amiot et Fils。相较于前者，这款酒口感一变，浓郁，强劲，丰厚，充满着青春的活力……

至此，品酒达到了高潮！然而，当晚的高潮连绵不断。当来自布根地的骑士合唱团开始献唱时，全场为之震撼。八位酒农，两行排列，古朴粗犷的歌声、原始流畅的旋律，把我们带到了遥远的布根地：一片片绿油油的葡萄园，一排排黄灿灿的橡木桶，一杯杯红艳艳的葡萄酒……

啊，这里是一个美丽欢愉、无与伦比的葡萄酒世界！在一片感叹声、欢笑声、歌唱声中，2012 年 12 月 21 日已经悄悄地离我们远去。从此，我也将以一位"骑士"的新姿态，扬鞭策马，继续快乐地奔驰在葡萄酒的广阔天地……

# 没有风格的 Xavier Vignon

在中国香港以及内地，知道 Xavier Vignon 先生的人并不多。而，在法国特别是在法国南部的 Rhone( 隆河 ) 地区，他可是大名鼎鼎，被誉为是法国葡萄酒界的一颗冉冉升起的新星！据说 10 年前，香港有一位 K 小姐，酷爱红酒，是圈中的行家。她偶然在南丫岛的一间小卖铺中看到一瓶奇特的葡萄酒。这酒的商标又土又丑，但价格却是同类葡萄酒的 3 倍。K 小姐好奇之下买了一瓶，一试，惊为天人！

这瓶酒就是 Xavier Vignon 的作品。K 女士到处寻找此酒及其主人的相关资料。然而书上没有，杂志上没有，网上也没有；朋友不知道，行家不知道，甚至连法国驻香港总领事馆也不知道 Xavier Vignon 此人为何方神圣！时间就这样默默地流逝了。直到两三年前，Robert Parker 也开始关注这酒，且评分都很高，这才一下子有了许多 Xavier Vignon 先生的信息。终于，K 小姐如愿地联系上了 Xavier Vignon 先生，并一手安排了他此次访港的行程。

被"逼"成酿酒师

Xavier Vignon 欣喜应邀。当天的晚宴我有幸被主人家安排坐在 Xavier Vignon 先生的旁边,这就让我有机会与他私下进行交流。Xavier Vignon 先生年纪不大,40 岁左右,却经历丰富。大学及研究生专科毕业后,他曾经在法国的 Alsace、Champagne、Saint-Émillion、Bourgogne,以及 Languedoc- Roussillon 等多个酒区工作过,最后选择了在 Rhône 酒区落脚。

据闻,这是因为:首先,他特别钟情于(Rhône 酒区内的)Châteauneuf -du-Pape(教皇新城堡)这个地方以及它的酒;其次,身为一名 Oenologist(葡萄酒工艺师),他觉得整个 Rhône 酒区的 Terroir(风土特性)既特别又复杂,很具挑战性;最后,在 Rhône,法律上允许用 13 种不同的葡萄品种(后来由于细化,现实际上已允许至 18 种)混合酿造一款葡萄酒,这就给了 Winemaker(酿酒师)一个很大的自由发挥的空间。

如今,Xavier Vignon 先生一方面作为一位葡萄酒工艺师,在 Rhône 地区拥有自己的实验室,每年给 200 至 300 家酒庄提供咨询服务;而另一方面,他又以酿酒师的身份,酿造及经销以他自己名字为商标的葡萄酒,这是他一个非常突出的特点。而难能可贵的是,他身兼两职,却能两样精通,相得益彰。

当晚,我就好奇地追问他:为什么想到要自己酿酒呢?

他笑了笑,对着全桌子的人解释了起来:

"我自己酿酒及卖酒,完全是出于一次意外。以前,我只是喜欢研究酒,因此,每次给一些名庄做完顾问后,我都会经常向庄主购买小量的原酒，有时甚至让庄主以酒代钱作为报酬。回来后，我就会把不同的酒，根据自己的研究心得，再次混合制造，然后装瓶给自己及一些亲朋好友享用。有一次，一位从巴黎来的老朋友喝了我的酒之后，大声赞好，并且说要带几瓶回巴黎让权威机构评定一下。

"他果真这么做了！不久，评定报告出来，并且刊登在了他们自己的刊物之上。他们把我的酒夸奖了一番。正好第二天是一个周末，我所居住的小村庄一下子来了400多人！由于小村庄道路窄，还发生了车子碰撞的小事故。这不但惊动了当地的警察，还惊动了当地的市长！就这样，我开始被动地、正式地酿起酒来了。说起来，现在生意还不错呢！"

大家一听，都乐了起来。这真是应了我们中国人的一句古话：有心栽花花不开，无意插柳柳成荫！

# 🍇 Xavier Vignon 式葡萄酒

和 Xavier Vignon 先生一样，我也喜欢 Rhône 酒区的红酒。该地区北接 Bourgogne（布根地），南接 Languedoc-Roussillon（朗格多克 - 鲁西隆）和 Provence（普罗旺斯），发源自阿尔卑斯山的隆河，贯穿南北，奔流不息，这就是著名的 Vallee du Rhône（隆河谷）。这是法国一个非常著名的产酒区，无论是葡萄园的总面积还是葡萄酒的总产量，在法国都是位居第二。更为特别的是，沿着隆河，一路都有温暖的阳光。也正是这个缘故，该区域素有"太阳之道"的美誉，而这里所生产的葡萄酒，也就有了一个非常美丽的名字：太阳之酒。

我喜欢这"太阳之酒"。试想，在一个寒冷的冬夜，品尝着一杯隆河红酒，仿佛置身于夏日的蓝天白云、阳光海滩，心里面该是怎样的惬意！Rhône 酒区产的红酒还有三大特点：性价比特别高，酒不贵，但质量好；既可早喝，也可长存，随君所好；适宜与各种各类食物搭配，中西皆宜。这也就解释了为什么长期以来，Rhône 酒区一直在世界各地都拥有众多的"粉丝"。

当晚，我们依次品尝了 Xavier Vignon 先生的六款作品：Xavier Vins 100% Vin de France Blanc NV；Xavier Vins Châteauneuf-du-Pape Blanc 2010；Xavier Vins Vacqueyras 2007；Xavier Vins Gigondas 2009；Xavier Vins Châteauneuf-du-Pape Rouge 2009；Xavier Vins Châteauneuf- du-Pape Curee Anonyme 2007。

饮后，我不禁向他提出了我心中最大的疑问："这几款酒明显分别很大，我品味不出什么才是你的酒的风格。进一步说，既然你没有自己的酒庄，又怎能确保你自己风格的连续性呢？"

他想了想，回答说："你所问的确实是一个很好的问题。我的弱点是没有自己的酒庄，因此确实很难保持一款酒的连续性。但是，这也正是我的优势所在：我可以自由地搭配制酒！别忘了，我所选的都是我担任顾问酒庄的原酒。因此，我非常了解它们的土壤、品种、年份、气候、特性等。我的核心思想就是，经过我的调配，让每一款酒自己原来最大的特性，最大限度地发挥出来、展现出来。这，就是我自己的酿酒风格。"

果然见解独特、与众不同！与高手一起品酒，就是有机会聆听到一些真知灼见，让人受益匪浅。这顿晚宴大家都喝得很尽兴，最后互相碰杯、照相、签字、拥抱。我与 Xavier Vignon 先生还击掌相约，明年相见在 Rhône！

# 奔跑的 M.Chapoutier

5月的一个晴朗夜晚，和几位新老朋友在俱乐部的阳台上乘风纳凉，品酒话人生。新朋友 Patrick Marie Herbet 忽然问我："Raymond，你明晚有空吗？"我一愣："明天中午出差，怎么了？"他说："明晚我为好朋友 Michel Chapoutier 组织了一场小型品酒会，你愿意参加吗？"我一惊："What？Michel Chapoutier？当然愿意了！"于是第二天改变行程，当晚准时赴约。

 ## 幽默的灵魂酿造师

Michel Chapoutier，法国 Rhône 产区的灵魂人物之一，大名鼎鼎！其家族早在 1879 年就已经在 Rhône 地区种植葡萄及酿造葡萄酒，历史悠久。Michel 本人则在 1989 年他 26 岁时接过了家族营运大权。

在他的直接领导、锐意创新下，其家族名下葡萄酒酒质突飞猛进，名声在外。时至今日，Chapoutier 家族不但在 Rhône 产区拥有众多的葡萄园，而且还发展到了葡萄牙和澳大利亚，据说近期还准备到英国去投资开发葡萄园。他们的红、白葡萄酒早已远销包括中国在内的众多国家与地区；而 Michel 本人，也成为了葡萄酒界一个响当当的人物！

在 Herbet 组织的小型酒会上，我第一次见到这位名声赫赫的

Michel。他个子不高，粗壮结实，而且极为幽默。酒会一开场，他就引起了大家的一阵哄笑。他说："所有酿酒的人都会跟你们说他的酒是世界上最好的，我只有一点与他们不同，那就是——我说的是真的！"

Michel 甚具国际视野。在他的领导下，其家族的葡萄园已在法国南部地区的葡萄园版图上星罗棋布，并拓展到了其他国家。现在，他有一儿一女两个孩子，儿子派到了澳大利亚工作，女儿则送到了北京的中国对外经贸大学留学。当我与他探讨怎样看待中国的葡萄酒市场时，他认为中国的市场是在崛起，但非常不成熟，具体的例子就是来自波尔多同行的信息：中国的订单经常大起大落，很不稳定，因此，也颇不受法国同行们的欢迎。

## 🍇 他的酿酒哲学

他对种植葡萄及酿造葡萄酒有自己的一套哲理，主要是三大要素：地、天、人。地，指土壤。每块地都有自己的风土特征，要尽量让葡萄树根往深处生长，吸取其精华。天，指小气候。每年刮风、下雨、阳光都不一样，要注意天气对葡萄生长的影响。人，指酿酒师。他认为，酿酒师的哲学理念会直接影响酿造葡萄酒的方法。

Michel 特别主张要充分尊重大自然，尽量减少对土壤、对葡萄的人为干预。他把这一理念贯穿到了整个种植及酿造葡萄酒的过程当中，是生物动力种植法的积极实践者及倡导者。1989 年接掌家族大权后，他立即开始全面采用生物动力耕种及酿造方法，这种纯生态的耕种方式让土地充满了生机和活力，也让他酿造出了最纯粹、最接近天然风土条件的葡萄酒。

当晚我们共同品尝了 M.Chapoutier 的六款酒：两白四红。第二款白葡是 Ermitage white，De L'Oree 2010。中途，Michel 出人意料地请大家吃了一个皮蛋，并让大家比较前后的区别。令人吃惊的事情发生了，吃了皮蛋之后，此款酒的味道完全不一样了。所有的鲜味、果味都被区区一个中国皮蛋给引了出来，非常清新爽口。Michel 认为，法国的葡萄酒与中国的菜肴相结合，就犹如人类的婚姻基因，越是遥远的结合，就会越优秀。

Michel 的谈话总会给人惊喜。他确实是个富有创造力，而且富有思想的人。譬如我们依次品尝了 Ermitage red、Le Pavillon 2010、2001、1999 和 1990 后，朋友一致认为 1999 年的 Le Pavillon 最佳。我们就此请教，为何 1999 年的 Le Pavillon 会优于 1990 年？他笑着解释："就像女孩子一样，不同年份的红酒代表着不同类型的女孩子。碰巧你们都喜欢 1999 年出生的这一类型的女孩子就是了！"

# 🍇 在浪尖上的思考

不说可能大家不知道，Michel 是迄今为止世界上第一位、也是唯一的一位在其所有的家族产品上，都放上了盲人标记的葡萄酒商。这项举措最初试行于 1994 年，继而在 1996 年，推广至其家族的全部产品。这源于他听到他的一位盲人歌唱家朋友 Gilbert Montagne 在电视采访上的抱怨："每次买酒都要找人帮忙才行！"这句话给了 Michel 触动与灵感，我们也可以由此看到他那具有社会责任及人文关怀的善良之心。

他曾大胆地预言：旧世界的葡萄酒迟早会被淘汰。理由是，旧世界有许多古老的、过时的法则约束着自己的发展，而新世界则没有这个障碍。最重要的是，在旧世界，如法国，种植及酿造葡萄酒大多是祖传的、被动的，许多人对此已没有了激情，没有了斗志。而新世界的人基本上是主动的，充满着憧憬与干劲。确实，种植及酿造葡萄酒是寂寞的农活，需要长年默默耕耘。如果没有了对葡萄酒的热情与执着，今时今日又有几人能像 Michel 这样耐得住寂寞？

今年，Michel Chapoutier 先生刚 50 岁出头，正处于人生及事业的旺盛时期。就像葡萄酒界奔跑的运动员，他还在朝着自己的事业巅峰再次发起冲锋，尽管他已经荣誉满身。他现在是 Rhône 葡萄酒行业协会主席，2012 年就曾被一家德国杂志选为"2012 年度最佳酿酒师"。据说，最近两位在法国很有名气的酒评家已经提名 Michel 为 2014 年度的最佳酿酒师。（编者按：本文写于 2014 年 6 月）

这点实在让人值得期待。

# 名人们和他们的最后一瓶酒

　　2012 年注定会令人难忘。这一年，我们不但要关心楼市是否会跌、股市是否会升、公司是否会炒人，还要关心美国经济能否走出衰退、欧债危机是否继续恶化、中国经济可否软性着陆；这一年，我们不但要关注叙利亚局势、伊朗核武器发展、朝鲜导弹发射、南海岛屿争端，还要关注中国、俄罗斯、法国、美国四大联合国常务理事国的首脑更换给世界局势所带来的冲击与影响。还有，这一年，2012 年 12 月 21 日，我们整个人类还面临着一个重大的、生死攸关的难题：世界末日是否真的来临？

　　聪慧的、神秘的、富有远见的玛雅人哪，你们为什么要预言 2012 年 12 月 21 日为世界末日呢？正好我等之辈生活在这地球上。虽然人生充满了曲折与苦难，但同时也有美好与欢乐的呀！现在，倘若让我们说走就走了，说实在的，还真有点舍不得！虽然如此，既然已经有了这么一个预言，那我们也不妨来假设一下：假设世界末日真的来临，那你最后想喝的一瓶酒是哪一瓶呢？

# 布根地酒神

在著名的《神之水滴》这本漫画中，虚构的世界顶级葡萄酒评定家神崎丰多香先生临死前喝的最后一瓶酒是：法国布根地的 1959 Richebourg。我没有口福喝过这瓶酒，但却知道此酒的酿造者是 Henri Jayer 先生（1922 年—2006 年），一位在葡萄酒界内无人不知、无人不晓的、被大家尊称为"布根地酒神"的酿酒师。

是他，坚持法国传统的种植方法，极力反对当时流行一时的在葡萄园内大量采用农药、人造肥料、除草剂等化学品的做法；又是他，推崇传统但绝不墨守成规，率先在布根地使用低温葡萄发酵方法，使得酿造出来的葡萄酒更能保存原始的果味；还是他，对技术精益求精，经他手所酿造出来的红酒诸如 Echezeaux 和 Cros Parantoux，无不酒质高超，名声卓越。

世人均以喝过或拥有 Henri Jayer 的酒为荣。因此，能在临走之前喝上一瓶 Henri Jayer 先生亲手酿造的经典的 1959 Richebourg，真不枉在人世间走了一趟！

# 🍇 Robert Parker

那么，当今最顶级的葡萄酒评家 Robert Parker 先生（1947 年— ）又会选择哪一瓶酒呢？答案是：法国波尔多 1989 Haut-Brion。Parker 先生曾经这样说过："如果在离世之前只能再喝一瓶酒，我必然选择 1989 Haut-Brion！"他在自己的著作《Bordeaux》中这么解释："有些酒能够持续地吸引酒客，1989 Haut-Brion 就是一个绝佳例子。这种力量就像磁石一样，吸引着饮家，因为 1989 Haut-Brion 拥有特别而强烈的酒香，以及充满层次的味道。"

我喝过 Haut-Brion，但还没有尝过 1989 年的，这可是 Parker 先生给予 100 分的满分酒中的满分酒啊！说起 Robert Parker 先生，他真是葡萄酒界的一位传奇式人物。他是一位美国人，大学时读的是历史，本科毕业后再转读法律。在大学期间，他遇上了一位迷人的法国女孩子。为了追求她，他从美国追到了法国，花了一个多月的时间伴随她左右。法国女孩子最终被他的真情打动，成为了他人生中的伴侣。然而 Robert Parker 此行还有另外一个意想不到的收获：他从此也迷上了法国葡萄酒！

1984 年，在从事了 10 年多时间的律师工作之后，他毅然转行，成为了一名全职的葡萄酒评家。时值 1982 年酒面世，Parker 先生大胆地提出：1982 年是波尔多有史以来最伟大的年份之一！当时，法、英等欧洲主流的酒评界对此不以为然，他们一致嘲笑这个半路出家、不知天高地厚的美国小子根本不懂法国红酒。可随着时间的推移，大家愈来愈意识到，Parker 先生的观点是正确的！事实证明，1982 年是波尔多非常成功的一年。而 1984 年也成为了 Robert Parker 开始评酒且一战功成的一年！从此，Parker 先生在世界酒评界站稳了脚跟。

上个世纪末，时任法国总统的希拉克先生询问时任美国总统的克林顿先生在购买法国红酒时主要考虑什么因素，克林顿总统回答："买酒时主要参考的是 Robert Parker 的评分。" 1999 年，希拉克总统给 Parker 先生颁授了"法国最高荣誉骑士勋章"（La Croix du Chevalier de la Legion d'Honneur），以表彰他对推广法国葡萄酒的杰出贡献。

近 30 年的时间过去了，Parker 先生早已成为了世界上公认的一言九鼎、最权威的酒评家。跟随 Parker 先生选择 1989 Haut-Brion 为自己人生旅途上的最后一瓶酒，肯定错不了！

##  拿破仑和恩格斯

假如问法国拿破仑大帝同样的问题，我相信他会选择色泽浓厚、味道强横的 Chambertin。这是他一生的最爱。关于他和 Chambertin 的传说几乎没完没了。有人这样说，他最后兵败滑铁卢，是因为头一天晚上没能喝上 Chambertin——Chambertin 缺货了！还有人说，他被流放在圣赫勒拿岛时，英国人只给他提供波尔多酒，拿破仑喝不到他最爱的 Chambertin，最后郁郁而亡。传说无论真假，不可否认的是，每一款好酒都必然有一个特性，能深深地触及爱酒人的灵魂深处，让我们欲罢不能。

以撰写了《共产党宣言》闻名宇内的哲学家恩格斯也是红酒痴。曾经有人问他："什么东西可以让您感到最幸福？"他简洁地回答："1848 Margaux（玛歌）！"当然，喜欢被誉为"红酒之后"的 Margaux 的人绝对不止恩格斯。美国大文豪海明威先生对 Margaux 也非常钟爱，他甚至把自己最疼爱的孙女取名为玛歌·海明威。有时我想，当海明威在构思《老人与海》，且写下"人不是为失败而生的。

一个人可以被毁灭，但不能被打败"的名句时，他是不是正在喝着 Margaux 呢？

## 🍇 好莱坞影星和中国同胞

假如要问英国当代著名影星 Daniel Craig 先生（电影《007》中 James Bond 的扮演者）："您想喝的最后一瓶酒是什么？"我相信，他一定会选择 1982 Château Angelus。他在电影《新铁金刚智破皇家赌场》（Casino Royale）一片中，与心仪的邦女郎翻云覆雨时所享受的那瓶酒，就是 1982 年的 Château Angelus！美酒佳人，夫复何求？

据说令不少好莱坞电影明星们更为倾倒的葡萄酒是 Château Cos D'Estournel。有趣的是，贵为法国波尔多的"超级二级庄"，其招纸却披上了一层神秘的东方色彩。先不说其耐热、甘醇的内在特征，光看其外表，相信就已经能迷倒不少人！

同样的问题，在国内，我敢肯定绝大多数的人会回答：Lafite（拉菲）！中国人对 Lafite 可谓是情有独钟。Château Lafite 的庄主去年到中国来，对 Lafite 酒庄在中国的表现感到又喜又惊。"喜"的是他自己都没有想到 Lafite 的名字在中国是如此之响，Lafite 酒在中国如此之受欢迎。而"惊"的却是，根据他自己所掌握的数据，在中国销售的

Lafite 酒至少有 90% 都是假的！仔细想想，这也很难全怪我们中国人，正如一本书中写过的："一生中未喝过 Château

Lafite，根本未算喝过葡萄酒！"

当然，也会有人选择另一瓶酒：Romanée-Conti。远的不说，我在青岛的几位朋友肯定会选这一款酒，他们都以收藏有此酒深感自豪！Romanée-Conti，法国酒王中之酒王，也是当今国际拍卖行上最昂贵的葡萄酒，如今是有价无市，即便你有钱，也未必能买到。这样一瓶酒，到了最后时刻，不喝白不喝！

阳春白雪，下里巴人。每个人有每个人的选择，每个人有每个人的喜爱。如果是你，你会选择哪一瓶？

倘若是我，我会选择 Pétrus。我偏爱波尔多酒，而 Pétrus 又位列波尔多八大名庄之首。更为重要的是，我发现 Pétrus 的标签非常与众不同，标签上有一位握着一把钥匙的老人。这是什么含义呢？我百思不得其解，后来查证发现，这是耶稣第一大门徒 Saint-Peter 的老年像。Pétrus，就是用来纪念这位先贤的。而老人手中握着的那把钥匙，传说就是耶稣临走前交给他保管的、能开启天国之门的钥匙。将情景设置在世界末日来临之际，喝完 Pétrus，直接飞上天堂，何乐而不为呢？

在构思这篇文章的时候，我曾在家里餐桌上提出了这一问题。我13岁的大女儿听了之后，睁着一双漂亮的、天真的大眼睛，看着我说："爸爸，这最后的一瓶酒，不管它是什么酒，肯定是要与自己最爱的人一起喝的呀！"

# 在法国购买葡萄园的中国人

　　中国人为什么喜欢在法国购买酒庄？其实这并不需要深入研究。自古以来，对法国葡萄园感兴趣的大有人在：英国人来过，荷兰人来过，美国人来过，日本人来过……现在，风水轮流转，中国人来了。

# ❖ 郝琳和酒庄的未了缘

2013 年 12 月 20 日傍晚，中国富商郝琳在完成了收购法国波尔多一家酒庄的交易仪式之后，搭乘由原庄主亲自驾驶的直升机从空中视察葡萄园，同机的还有其 12 岁的儿子及其驻法代表。不料，直升机在巡视途中意外坠毁，令人惋惜！

郝琳是中国云南柏联集团总裁。该集团创立于 1995 年，发家于昆明市的旧城改造房地产项目，现已发展成为一家大型的跨行业、多元化的企业集团，涉足房地产开发、旅游文化、商业百货、酒店业、茶产业等行业，是中国西南一带响当当的企业。而执掌柏联集团的，是一对夫妻档：丈夫郝琳为集团总裁，妻子刘湘云为董事长。两人在西南商界名声赫赫，素有"精品酒店典范"、"中国茶叶大亨"等称呼，堪称成功企业家。

然而，柏联集团及其掌门人郝琳在西南一带也是颇受争议的。最主要的一段争议源于柏联集团于 2006 年至 2010 年间前往重庆投资"重庆北温泉柏联酒店"及"十里温泉城"时，对位于项目范围之中的、具有 1600 多年历史的古寺"温泉寺"的恶意破坏。当年的一条爆炸性新闻就是：温泉寺定融法师用红铅油在布条上写下了"依法维权"四字，绑在额头，手持一杆大秤站在大殿前。定融法师说："我要用这个秤杆称一称那些贪官污吏、为富不仁者的良心！"现在，事过境迁，逝者已走，令人唏嘘！

一个怪异的现象是：同是这一家法国酒庄，上一次于 2002 年易手后，前一任庄主就是在酒庄附近因飞机失事而去世的！如果郝琳先生事前知道此事，相信他此次不会轻易登上那夺命的直升机吧？

这一空难事故再次令世人关注"中国人购买法国葡萄园"的话题。据不完全统计，自 1997 年以来，中国人在法国共收购了约 60 家葡萄园（编者按：本文写于 2014 年 2 月）。如 1997 年，香港人第一次在法国购买了一个葡萄园——Château La Bourguette；2008 年，第一家国内企业青岛龙海集团购买了酒庄——Château Latour-Laguens；2011 年，第一家国内大型国企中粮集团购买了酒庄——Château Viaud；2011 年，第一个国内个人沈东军先生购买了酒庄——Château Laulan Ducos；2011 年，第一位国内著名影星赵薇购买了酒庄——Château Monlot；2012 年，第一个澳门人购买了酒庄——Château de Gevrey-Chambertin，等等。

##  是投资还是情怀？

综合分析一下，不难发现，中国人在法国购买葡萄园有几个普遍的特征：

第一，偏爱波尔多酒庄。绝大部分中国人，特别是国内投资者基本上都是投资在波尔多产区，相信这是波尔多葡萄酒的知名度更高，以及波尔多葡萄园多伴有一座古老、漂亮的庄园之故吧。

第二，至今尚不曾购买过一间真正意义上的好酒庄。不管中国的投资者在收购酒庄后做了多少夸大其词的宣传，但一个最基本的事实是：没有人收购过任何一间属于波尔多左岸 1855 年评出的特等酒庄，或右岸圣艾米利永产区内的一些最知名酒庄。

第三，收购价格普遍偏高。如一家国内企业以 3000 万元人民币买下一间酒庄，后经懂行的人鉴定：最多只值 1000 多万元；又如一家放盘 350 万欧元的酒庄，一年多后被中国人以 800 万欧元成交……

中国人购买法国葡萄园无疑是个很吸引眼球的话题，但其对法国葡萄酒行业的影响实在是微不足道。整个法国有数以十万间计的葡萄园，单一个波尔多产区酒庄就有过万间，中国人收购几十间，特别是中小型的、不知名的酒庄，对法国人来说其实是好事而非坏事。中国资本的到来挽救了许多中小酒庄，或至少让他们燃起了一定的希望。我于 2014 年春节期间游走法国时，与朋友聊天，就感到其实法国人对中国资本是欢迎的，因为这至少激活了当地的经济发展，他们唯一担心的是中国的土豪金们不懂得欣赏、珍惜和保持法国的传统文化，如此而已！

作为中国人，我只是期望有一天，能品到一瓶真正好的葡萄酒，然后我们可以很自豪地告诉其他人：这一家酒庄的庄主是中国人！

# R 家族的葡萄王国

第一次见到 Château L'Évangile，就被她酒标上的五支利箭所吸引。略懂葡萄酒的人都知道，能使用这五支利箭酒标的，只能是法国波尔多的两大名庄，Château Lafite Rothschild 和 Château Mouton Rothschild。而略懂国际金融的人都知道，这五支利箭标志属于一个深不可测的金融帝国 Rothschild 家族（罗斯柴尔德家族）。那么 Château L'Évangile 是什么来头？经查询，与该两大名庄有关联的酒庄有时也可以使用这酒标。Château L'Évangile 果然出身名门，它就属于 Château Lafite Rothschild 旗下的酒庄。

## R 家族五箭定江山

国内著名学者宋鸿兵先生编著的《货币战争》一书曾写到："究竟谁是罗斯柴尔德？如果一个从事金融行业的人，从来没有听说过'罗斯柴尔德'这个名字，就如同一个军人不知道拿破仑，研究物理学的人不知道爱因斯坦一样不可思议。"由此可见，罗斯柴尔德家族在国际金融业内是多么的举足轻重！

罗斯柴尔德家族是犹太人，发家于德国。Rothschild 在德文中意为"红色的盾"。老罗斯柴尔德生活在 18 世纪中期，当时工业革命在欧洲迅猛发展，现代金融业空前繁荣。他利用与德国威廉王子的私人关系，巧妙地做起了德国宫廷、继而是欧洲各大皇室的借贷生意，罗斯柴尔德家族也由此慢慢兴旺起来。老罗斯柴尔德审时度势，在时机成熟时毅然地把自己的五个儿子作出了如下调配：老大镇守德国总部，老二派往奥地利，老三前往英国，老四奔赴意大利，老五开拓法国。

罗斯柴尔德家族的五个兄弟，就像五支利箭一样，射向了欧洲大陆的五大心脏。一个人类历史上前所未有的金融帝国自此拉开了帷幕。但罗斯柴尔德家族的发家史并非一帆风顺，而是充满了惊涛骇浪。其中，最惊心动魄的一段与著名的滑铁卢战役紧密相关。

1815 年 6 月，在比利时境内展开的滑铁卢战役，决定着整个欧洲大陆的命运与前途。它不仅仅是法国拿破仑与英国威灵顿两支大军的生死决战，也是人类历史上财富的一次重新大分配。在大战之前，英国刚刚发行了一次规模巨大的公债，以举国之力支持威灵顿勋爵的军队。从投资与金融的角度来看，如果拿破仑赢了，则英国公债一文不值；但如果威灵顿赢了，英国公债则会直冲云霄。

前方的战斗在激烈地进行着，后方的市场也在焦虑地等待着。此时，罗斯柴尔德家族多年来建立起来的战略情报收集和快递系统，也在十二万分紧张、高效地运作着。6 月 18 日傍晚，罗斯柴尔德家族的一位间谍确信自己已经知晓了整个大战的结局，于是，他快马加鞭、连夜渡海，于 6 月 19 日清晨第一时间把战果通知了位于英国伦敦的罗斯柴尔德老三。老三一获消息，立刻下令把手上拥有的英国公债全部抛售！

我们都知道，拿破仑在滑铁卢之役中惨败。历史就是这样地诡异，难道是罗斯柴尔德家族间谍的情报不准？或者是罗斯柴尔德老三作出了错误的决策？事实是，当时的伦敦股票交易所内一片混乱，"威灵顿战败了"的消息笼罩着整个交易大厅，所有的投资者都争先恐后地抛售自己手中的英国公债！然而，令人更加惊讶及恐惧的事情发生了：在收市前的几分钟，老三再次一声令下，瞬间就海吞了已经跌得四脚朝天的全部英国公债！第二天清早，当"威灵顿打赢了"的官方消息传来之时，英国公债一开市就立刻直线暴涨！

此次，罗斯柴尔德家族在短短的一天时间内所赚的金钱，正如《货币战争》书中所言："超过拿破仑和威灵顿在几十年战争中所得的财富的总和！"每当读史至此，我都不禁感慨万分：什么叫智慧？这，就是智慧！

## ❦ 爱酒者的福音

罗斯柴尔德家族发迹后，自然而然地就关注到了人世间的琼浆玉液——葡萄酒。罗斯柴尔德老三这一支利箭首先开弓，瞄准了法国波尔多的名庄 Château Brane Mouton，射中后就将其改名为 Château Mouton Rothschild。罗斯柴尔德老五这一支利箭也不甘落后，时隔不久就迅速补上了第二箭，购入了 Château Lafite，并将其改名为 Château Lafite Rothschild。

发展至今，前者已拥有了包括 Château d'Armailhac，Château Clerc Milon，Opus One（美国），Almaviva（智利），Escudo Rojo（智

利）等名庄。而后者则拥有了 Château Duhart Milon、Château L'Évangile、
Château Peyre Lebade、 Château Rieussec、 Château Paradis Casseuil、
Château d'Aussieres、Los Vascos（智利）、Bodegas Caro（阿根廷）、
Rocca di Frassinello（意大利）等名庄，是世界上名副其实的葡萄酒王国。

　　Château L'Évangile 就坐落在法国波尔多右岸的 Pomerol 区，比邻
Pétrus，Vieux Château Certain，La Conseillante，以及 Saint-Émillion
区的 Château Cheval Blanc，地理位置非常优越。Château L'Évangile 发
源于 17 世纪，曾被 1868 年的《Cocks Feret》列为 Pomerol 的特级一
等葡萄园。然而几经转让，酒庄渐趋衰落。1990 年罗斯柴尔德家族买
下股权之后，开始对它进行大整顿。罗斯柴尔德家族就是看上了它那
不凡的潜力，于是重金出击，将其纳入旗下，并更新设备，重建酒窖，
还配以 Lafite 团队的领导，摆出了一副欲和 Pétrus 一争高低的架势。

　　事实上，近年来 Château L'Évangile 的酒质确有明显的提高。

Robert Parker 先生就连续对她给出了以下的高分：1994 年，90 分；1995 年，92 分；1996 年，90 分；1998 年，92 分；2000 年，98 分；2001 年，91 分；2002 年 90 分；2004 年，93 分；2005 年，95 分；2006 年，93 分；2008 年，94 分；2009 年，100 分！不少酒评家也都认为：Château L'Évangile 目前在 Pomerol 区，已经晋升到了继 Pétrus 及 Le Pin 之后的第三甲。

Château L'Évangile 为什么能获得好评？我们不妨看一下她选用的葡萄：75% 的 Merlot 和 25% 的 Cabernet Franc。Merlot 皮薄，早熟，果香足，容易入口，柔顺迷人。Cabernet Franc 除了能增加芬芳及层次外，其酸涩也能很好地平衡 Merlot 的甜度。因此，整体而言，此酒香气怡人，口感清爽，酒体丰满，回味甘顺，颇讨人喜欢。许多酒评家都认为，精美与优雅是 Château·L'Évangile 的标志。

而我自己每次品尝，都特别喜欢她身上慢慢散发出来的那一丝丝淡淡的兰香。另一个主要原因是她良好的性价比。Château L'Évangile 如今已是名门闺秀，但她的售价却不高。如 2001 年、2002 年的酒，现在在香港一瓶也就是 1200 元港币左右，2005 年的 2200 元左右，就算是 2009 年的 100 分满分酒，也才 3800 元（编者按：本文写于 2013 年 6 月）！

这不禁让我想起了 Évangile 的法语意思：福音。名气大，质量好，价格低，这，不正是我们爱酒之人莫大的"福音"吗？

# 葡萄酒：爱的故事注脚

2012 年 12 月 21 日在世人瞩目中安然度过。世界末日没有降临，人类得以继续生存。于是乎，舞照跳，马照跑，浪漫的情人节也很快紧跟岁月的脚步来到。在情人节里我们又怎能不说一说葡萄酒呢？自古以来，葡萄酒就是与各种各样的女士们（爱人、情人、夫人、母亲、女儿）紧紧相连、密不可分的呀！

 葡萄酒的发现

关于葡萄酒的起源，最为流传的一个说法是：它是由一位王妃意外发现的。传说远在古波斯时期，一位王妃被国王打入了冷宫，生不如死，正巧在地牢里看到了贴有"毒药"封条的大瓶子，于是二话不说，一口气就把瓶子里的颜色古怪的"毒药"喝了下去。但奇迹发生了，王妃非但没有死去，反而飘飘欲仙、神采飞扬！几次反复，均为如此。于是，王妃把此事呈报了国王。国王大惊，前来察看，发现原来这些"毒药"，竟是自己多年前心爱的、吃不完而藏起来的葡萄变成的。国王一试之下，果然口感奇妙，回味无穷。就这样，人世间的葡萄酒在一位女人的一个美丽的误会之下，产生了。

## 情人 PK 兄弟

关于葡萄酒的故事，最为轰动的与一位情人有关。18 世纪时期，法国由国王路易十五统治。当时他最为宠爱的一位情人就是庞巴杜夫人（Madame de Dompadou）。是她，把当时仍默默无闻的波尔多的 Château Lafite 带进了法国皇室及整个巴黎上流社会；也正是她，与路易十五的堂兄弟、波旁王朝的康帝亲王（Prince de Conti）同时看上了布根地最为顶尖的一座酒庄。该酒庄的原庄主由于债务缠身，被迫于 1760 年出售酒庄。于是俩人之间展开了一场公开的争夺大战。国王情妇 VS 国王兄弟，想一想都够刺激的了！此事轰动了整个法国朝野！虽然酒庄最后由康帝亲王以天价夺得，使得我们今日有了被称为"葡萄酒王中之王"的"Romanée-Conti"，但国王情妇与亲王之间的这场争夺大战，300 多年来还一直广为流传。

## 船帆半降

关于浪漫的故事与传说很多，但相信最为牛人的与 Château Beychevelle 有关。Beychevelle 的标签上印的是一艘美丽的古船，船帆半降。这是什么意思呢？传说该酒庄的主人为当时的法国海军

上 将 司 令 ， 他 下
令 ： 所有的船只经
过波尔多地区的芝
朗迪河流域时，均
须下半帆向这片伟
大的葡萄酒产区致
敬！而每当船帆徐
徐半降之时，居于
Beychevellle 酒 庄

古堡上的上将夫人也挥舞围巾予以答谢。虽然上将司令此举颇有"假
公济私"之嫌，但假如这一传说属实的话，倒也符合法国人极尽浪
漫的天性！

## 🍇 银色之翼

最为感人的则应来自于一段父亲与女儿的真实故事。Château
Mouton Rothschild 的庄主菲利普男爵在女儿小时常给她讲床前故
事，其中他女儿最喜欢听的是他自编的一个童话故事：Aile d'Argent
（银色之翼）。第二次世界大战期间，菲利普男爵一度成为了德国
人的阶下囚。在狱中，他把"银色之翼"这一故事写了下来，以寄
托对女儿的思念。二战结束后，他更把此故事印制成书。后来，男
爵过世，女儿继承了 Mouton 酒庄。为了纪念父亲，女儿特别地在
Mouton 酒庄里划出了 10 英亩土地，种植及生产了一种白葡，名
字就叫做："Aile d'Argent"！

# 🍇 心落在 Calon

葡萄酒与女士们之间的各种传说、故事数不胜数。但话又说回来，在情人节来临之际，我们应该挑选哪一款葡萄酒，作为与佳人共度浪漫之夜的礼物呢？在法国 Beaujolais 葡萄酒产区，有一家酒庄生产的酒名字就叫做 Saint-Amour（圣爱）；而碰巧的是，在法国的 Jura 省，也有一款酒同样叫做 Saint-Amour。更加出名的是布根地的 Chambolle Musigny 产区的一个一级葡萄园：Les Amoureuses（爱侣园）。

选这几款酒中的任意一款作为情人节的礼物，无疑都是受欢迎的。但，如果说到要挑选情人节的最佳礼物，那就非波尔多的 Château Calon Segur 莫属了。其酒瓶标签上那颗大大的心形图案，顺理成章地成为了众多痴情男女们的情人节首选。是啊，在当今这个极度物质的世界上，有人不但与你讲"金"，还与你讲"心"，单凭这一点，就值得与此人共度一个浪漫之夜啊！

Château Calon Segur 的著名心形图案来源于其原庄主的一句名言："Je fais du vin à Lafite et à Latour, mais mon cœur est à Calon（我在 Lafite 与 Latour 庄酿酒，心却落在了 Calon 庄之中）。"话说 18 世纪时，当时的庄主 Nicolas Alexandre de Segur 伯爵权高位重，财力雄厚。政治上，他位居波尔多议会会长；经济上，他同时拥有 Château Lafite、Château Latour、Château Mouton、Château Calon Segur、Château Ponet Canet 等名庄，被路易十五国王称为"Prince des vignes（葡萄王子）"。正是这位在葡萄酒界举足轻重的人物，说出了上述那句令许多人颇感意外的名言。

为什么他会特别钟爱 Calon 庄呢？有时我想，可不可以这么来理解：你同时拥有几个子女，老大、老二等都已经长大成人，非常优秀，唯独最小的女儿成熟较慢，自然地，你就会对年幼的她给予更多的关心与怜爱。我曾就此问题请教了我的法语老师，她想了一下，回答说：

"也许，在 Calon 庄曾经发生了一些让他无法忘怀的事情，比如浪漫……"是啊，也许……不管怎么样，正是因为上述的一句话，酒庄的后人就专门地设计了一个巨大心形的酒庄标签，以此来纪念老庄主心系 Calon 庄的独特故事。而这一爱心标签，也让这支酒从此充满了满满的爱。

Château Calon Segur 坐落在波尔多左岸的 Saint-Estèphe。与左岸的四大葡萄酒产区中其他的 Pauillac、Saint-Julien 及 Marguax 相比，Saint-Estèphe 知名度相对低一些。有些人甚至不太喜欢这一区的产酒，原因是这一区的土地粘土成分十分大，它的酒往往附有一种特别的泥土气息。

在平常的年份，因为粘土多，土质去水不易，因此葡萄在生长过程中的含水量会过多，影响质量。然而，一旦遇上天旱的年份，Saint-Estèphe 的土壤优势就会凸显出来。因为从另一方面来说，该区的土壤储水功能就相对较好。其他区的葡萄树可能会因为干旱而水分不足，但该区的葡萄树则可以从泥土中吸取足够的水分。大家应该还记得 2003 年的天气，当时整个欧洲大陆遇上了百年难得一见的干旱，法国为此还死去了几千人。很多产区的葡萄酒在该年都受到了极大的影响，唯独 Saint-Estèphe 区的葡萄树茁壮成长，2003 年也成为了该区一个特别优秀的年份。

即便有人讨厌这股泥土气息，Château Calon Segur 本身却不失为一支典型的波尔多红酒。它的结构严谨、单宁密集、果味丰富、酒体强壮，适合陈放。自从 1855 年被评为特等三级庄以来，除了上世纪 50 年代末至 70 年代末这一短暂时期外，Château Calon Segur 的质量一直都非常优秀与稳定，在世界各地均拥有众多的粉丝（当然，这也与那美丽的心形图案有关）。

假如，在今年的情人节里，你想与佳人共享一支 2003 年的 Château Calon Segur，我的小小建议是：提早两个小时醒酒。

辑三/

随【时】而酌：因为她来到WeChat星球

生活，更多的是不成篇章的点滴，它们不是花团锦簇，而像

是夜空中廖落的孤星，点缀着平常的夜色。2013年，从秋天

的鹰飞到冬天的雪降，这期间在WeChat的品红点滴，点缀着

这匆忙的生活。它们不成篇章，却活泼有趣。品红，品的也

是岁月的滋味。

# 来自秋日的福音

## 🍇 1999 年的 Château Pavie

　　明月几时有，把酒问青天。今既有明月，开怀共婵娟。中秋之晚，开了一瓶 1999 年的 Château Pavie。香醇，浓郁，不愧是波尔多的十大名庄之一。借此机会，祝大家中秋愉快！

2013 年 9 月 19 日

补注

　　Château Pavie，其历史可追溯至公元 4 世纪。此前，它一直处于命运的更迭中，直到 19 世纪，一个波尔多商人将它购下。此后，Château Pavie 不断地兼并了周围的大小葡萄地，成为圣艾米利永最大的葡萄园。经过几位酒庄的锐意创新，最终位列波尔多著名酒庄。

# 2004 年的 Château Latour

　　十五的月亮十六圆。中秋月圆之际，实则天地极阴之时。此时品红，宜选一些雄健、浑厚的阳性之酒。今晚，我准备开一支 2004 年的 Château Latour。遥祝各位人月两圆，身体健康！

2013 年 9 月 20 日

补注

　　Château Latour 在法国葡萄酒中大名鼎鼎，早在 1855 年的波尔多分级中，就被评为特等一级酒庄。有趣的是，Château Latour 和 Lafite、Mouton、Calon-Segur 都曾同属于 18 世纪的西刚家族。这个家族的亚历山大伯爵有个儿子叫尼古拉，是个痴迷于葡萄酒的理想继承人，当时人称"葡萄王子"。他最喜欢 Lafite，他的计划都是围绕着 Lafite 庄的，其他酒庄因而备受冷落。不幸的是，他英年早逝。但他的不幸却是 Latour 的大幸。亚历山大伯爵死后，四大酒庄被分别继承了。Lafite 没有一家独大，Latour 也受到了精心的经营，不甘人后。

# 2004 年的 Château Pichon Baron

　　休假三天，连喝三晚。无他，诚如酒圣李白所言："人生得意须尽欢，莫使金樽空对月。"今晚，开的是 2004 年的 Château Pichon Baron，中文译为"碧尚男爵堡"，又一瓶阳刚、雄浑之酒。好，举杯，Santé！

2013 年 9 月 21 日

 补注

　　中西对照是件极有意思的事。西方有所谓酒神精神，是一种对人生的狂热、激情。而中国人的酒神精神，是一种超脱的、带有禅意的生活理想。在浪漫的唐朝，李白一路饮酒，一路吟诗，成为一代人的偶像。杜甫曾写诗描述他："李白斗酒诗百篇，长安市上酒家眠。天子呼来不上船，自称臣是酒中仙。"是的，自古以来，不管是东方还是西方，人们均会以酒来赞美生活。

# 2001 年的 L'Evangile

开瓶啦！2001 年的 Château L'Evangile。L'Evangile，爱酒之人的 "福音"，五箭家族的后起之秀，Pomerol 产区的新三甲。一丝淡淡的兰香，酒未品，人已醉。

2013 年 9 月 30 日

 补注

像绝大部分 Pomerol 产区的酒庄一样，L'Evangile 的年产量也不多，正牌酒年产约 4,000 箱左右，副牌酒（Blasen de L'Evangile) 的年产量则只有 1,000 多箱。好红酒，喝一瓶，少一瓶！

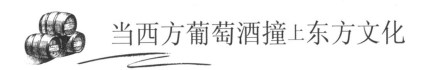

# 当西方葡萄酒撞上东方文化

## 东方式酒标

今日品饮了 1996 年的 Château Cos D'Estournel。1996 年在波尔多是个好年份。Cos D'Estournel 身为超级二级庄，耐热，温顺，丰富。正宗的法国红酒却披上充满东方色彩的酒标，迷倒了不少人，包括众多的好莱坞电影明星。

2013 年 10 月 2 日

Cos D'Estournel 起源于 19 世纪初，创始人 D'Estournel 是个让人相当敬佩的人。他本来是个小生意人，不太富有，却对葡萄酒很痴迷。他特别羡慕 Lafite 的成功，梦想自己也能创造一个 Lafite。于是他深入研究各地土壤，最后在 Lafite 古堡旁买下了一块园地。这块园地位于一个小石头坡上，D'Estournel 就将石头 Cos 和自己的姓氏组合起来，作为酒庄的名字：Cos D'Estournel。

理想总是美好的，现实却是残酷的。D'Estournel 财力不够，酒庄一时没有太大的突破，他只好先把酒庄卖了。年轻的 D'Estournel 挺倔的，不肯认输，约好 5 年后还能让他赎回酒庄，不然不转让。买主竟也同意了，大概是不相信他能做到这点。为了赎回酒庄，他各地奔波做生意，多年后他终于又把酒庄买了回来。这次他要彻底地实现自己的理想了。

还有一点极为有趣：Lafite 酒庄有一座古老的城堡，他觉得 Cos D'Estournel 也当如此，才能更好地打响品牌。他奔波各地做生意，为神秘东方所倾倒，于是决定在城堡中融入东方的元素，如中国的钟楼、印度的大象、苏丹的木雕门等。他就是这么做的。所以跟法国其他葡萄酒酒标不同，Cos D'Estournel 的酒标有着浓重的东方色彩。这一招果然奏效了。神秘的东方至今仍对西方人有着巨大的吸引力。

# 法国红酒与中国武侠

　　好友来访，开了一瓶2000年的Château Branaire-Ducru。2000年是波尔多最优秀的一个年份，金庸先生把此酒亲译为"周伯通"。此酒与《射雕英雄传》中武艺高超的老顽童的超脱、乐观的性格正好相对！"一壶浊酒喜相逢。古今多少事，都付笑谈中"。

2013年10月4日

**补注**

　　法国红酒进中国，其译名不少也跟中文很合拍。如波尔多名庄Château Lynch Bages进入中国市场，就选用粤剧名伶靓次伯的名字为译名。对中国人来说，这种搭配非常有意思，很亲切。Château Branaire-Ducru销到香港，除了得到金庸先生的青睐，赐名"周伯通"，还和香港最好的航空公司Cathay Pacific（国泰航空）合作，联名发行了100支印有金庸先生亲笔题有"周伯通"的葡萄酒。据说限量版"周伯通"的销售收入悉数用作慈善，真有点侠者风骨。

# 红酒和泰国菜

昨晚，朋友请吃泰国菜，我带了两瓶法国酒：2012 年的 Domaines Ott，2002 年的 Château Montrose。前者是玫瑰红，清香爽口，可百搭食物；后者是 Saint-Estèphe 酒王，身厚力强，可压过一般的辣味。结果，效果不错。

2013 年 10 月 6 日

Château Montrose 名字中也有玫瑰（rose）两字，但和玫瑰红（Vin Rose）不同。取名 rose，据说是因为当时这个地方长满了淡粉色的石楠花，一片玫瑰红，非常漂亮。当然，不叫石楠山酒庄而叫玫瑰山，自然是因为玫瑰更为温柔、浪漫。名字温柔，酒却结构宏大，身厚力强，适宜窖藏数十年再品饮。然而 Château Montrose 也曾有过一段时间的 "迷失"。1983 年，现任庄主 Bouygues 曾推出了一款新酒，口感和顺很多，与原来的 Château Montrose 大异其趣。粉丝并不为此埋单，他们喜欢的还是熟悉的、强劲有力的酒款。所以 1986 年，酒庄又回到了最传统的葡萄酒风格。

# 和亲友品红的难忘时光

## 🍇 1988 年的 Pichon Lalande

　　昨晚相聚，6 人喝了 5 瓶，1 瓶香槟，1 瓶白葡，2 瓶红酒，1 瓶冰酒。菜丰酒足，欢声笑语。特别值得一提的是主人家收藏的 1 瓶 1988 年的 Pichon Lalande。初时香气不足，酒体沉闷，难以判断是已走下坡还是醒酒不够。幸亏越喝越开，越喝越醇，方知此酒名不虚传，真大家闺秀也！

2013 年 10 月 7 日

# 1953 年的 Lafite

周末，与友人分享了两瓶红酒：
2006 年 的 Château Poujeaux 与 2007
年的 Château Chasse-Spleen。两款都
只是波尔多的中级酒庄，价格不算贵，
但质量颇佳，性价比特高。关于前
者有一个经典的故事：某次宴会上，
Lafite 庄的庄主对主人家说："感谢您
采用了 1953 年的 Lafite 招待客人。"
而主人家却回答："对不起，我用的
是 Poujeaux！"

2013 年 10 月 13 日

补注

　　此处的故事其实是法国总统蓬皮杜和 Lafite 所有者罗斯柴尔德伯爵
的故事。宴饮时，红酒的酒标就被撕下了，或有意为之，或无意为之。
罗斯柴尔德品过酒，觉得此酒品质相当高，以为是主人家以他的 Lafite
款待他，告别时真挚地对蓬皮杜道谢。没想到蓬皮杜嘴上丝毫不留情，
说今晚品的是 Poujeaux。此酒能被总统用以接待贵宾，并且被罗斯柴尔
德伯爵误认为是 Lafite，可见 Poujeaux 虽然只是中级酒庄，其品质却相
当高。

# 🍇 女儿放假

女儿放假，欢乐全家。傍晚，选了一支 2001 年的 Vieux Château Certan。VCC 是波尔多右岸 Pomerol 产区的名门望族，素以酒风优雅细腻，酒香悠扬持久而著称。此时，不禁想起了宋祁的一句名诗："为君持酒劝斜阳，且向花间留晚照。"

2013 年 10 月 19 日

---

**补注**

据说 15 世纪左右，有葡萄牙人到这里落脚，称这为 sertan（沙漠），因此地大多数庄稼都种不了，宛若沙漠。但这块地却尤其适合种葡萄。后来此地种上葡萄，变为酒庄，Sertan 就演变为 Certan，作为酒庄名字的一部分。

# ❧ 全家团聚

今天，全家团聚，其乐融融。开了一白一红。白的是布根地的 2011 年 Chablis 1er Cru·Les Vaillons；红的是波尔多的 1998 年 Château Palmer。

Palmer，"将军之酒"，威名远播，典型的 Margaux 风格。酒瓶一开，香气就扑鼻而来。更难得的是其层层变化，丝丝入怀。众问：生日何求？

答：长剑一杯酒，男儿方寸心！

2013 年 10 月 20 日

 补注

Chablis 共分为四个级别：Chablis Grand Cru, Chablis Premier Cru, Chablis 和 Petit Chablis。其中，最高级的 Chablis Grand Cru，其产量只占整个 Chablis 总产量的 2%。

"长剑一杯酒，男儿方寸心"出自唐朝诗人李白的作品《赠崔侍郎》。意好男儿当豪迈行事：仗剑行天下，杯酒向天歌。

## 请同事品红

今晚，请同事品红：6 瓶 Penfolds Bin 407。澳洲酒，新世界红酒的代表：果香、浓郁、顺喉，犹如一位热情奔放、充满活力的青春少女，深受大家的喜爱。

2013 年 10 月 23 日

Penfolds Bin 407，这是一种有趣的命名方式，很能区别新世界的葡萄酒和旧世界的葡萄酒。旧世界的葡萄酒命名，如玫瑰红、周伯通等，酒庄后面再跟一个具体年份，个性很强的。而新世界，崇尚技术，有种整齐划一的感觉。Bin 是贮藏库的意思。Bin 407，就是存放于容器 407 里的酒，真有点儿现代味。

# 把葡萄酒喝对的艺术

## 布根地和波尔多的差异

昨晚，组织红酒俱乐部活动，品尝了一款布根地的 2008 年 Nicolas Potel Volnay 1er Cru-les Mitans，以及一款波尔多的 2004 年 Chatesu D'Issan。两地均为法国、甚至全世界最伟大的葡萄酒产区，然其酒却有着诸多不同：布根地，酒杯肥圆，酒瓶无肩，颜色艳丽，香气清新，口感滑顺，酒质淡雅，回味单纯；波尔多，酒杯椭圆，酒瓶有肩，颜色深沉，香气浓郁，口感苦涩，酒质丰厚，回味无穷。您，喜欢哪一款呢？

2013 年 10 月 26 日

Nicolas Potel 值得一提。他父亲原也是布根地声名赫赫的葡萄酒商，曾在 Pousse d'Or 酒庄任总经理一职。Nicolas 从小耳濡目染，后来成为一名出色的酿酒师，跟随着他的父亲工作。Nicolas 对葡萄酒有无限的热情，他尝试有机种植，拒绝使用农药和化肥，像他这一代的年轻人总是认为，未来的世界属于有品质的葡萄酒，而最有品质的葡萄酒，应该回到最初的传统，去那里追寻。所以他回归手工，对农药和化肥这一切科技带来的高产量抱有怀疑。为了真正地了解葡萄酒，他四处游学，以便积累经验。1996 年，他回到布根地，准备大展拳脚，不料他父亲于次年去世，Pousse d'Or 酒庄也被抛售。

无处依靠的 Nicolas 只好自己创业，这个时候他才三十出头，把自己的理念融入其中。他使用不同的葡萄园的葡萄混合进行酿造，不依赖电脑分析去判断，而更多依靠自己的经验、感觉。他还尽量减少酿酒过程中的人工操作。故，他酿出的酒纯净、甘醇，别具一格，品质也上等。但他和 Xavier Vignon 先生一样，没有固定的酿酒风格，而是根据当年气候、葡萄品质等各元素，充分发挥其特质，让当年的酒拥有自己的风格。

还有一点颇有意思。中国人喝茶，也讲究古树、大树。原先大树被当作柴火砍掉，如今却各人抢占，大树茶风行。然其味道也确实别具一格，究其原因，在于大树根深蒂固，水分和养分充足。大树，即古树。树龄越大，树也相当高大，其根丰茂。Nicolas 酿酒也偏向年龄较老的葡萄树，而且选择种植密度低的葡萄园。这些都是他的酒能独树一帜的重要原因。如今他拥有许多庄园，Volnay 1er Cru-les Mitans 便是其中的一个。

## 法国餐须有法国酒

法国餐当然配法国酒。昨晚，夫人订了一家法国餐厅，我选了一款法国红酒：1996年的 Château Giscours。待酒师让我品试第一口时，我就觉得此酒已近最佳状态，因此临时决定不必使用醒酒器。两个多小时的晚饭，酒香一直在嘴间环绕。有一瓶如此完美的 Margaux 名酒伴随我们，这样的晚上真是愉快，难以忘怀。

2013 年 11 月 2 日

Château Giscours 是波尔多的特等酒庄三级庄，然在颇长一段时期她的酒质一直不够稳定。直至 1995 年酒庄由一位荷兰人 Eric Albada Jelgersma 购买及接管后，酒质才不断地稳定上升。

## 葡萄黄酒遇上大闸蟹

阳澄湖大闸蟹，肉嫩味鲜，人间极品。有诗为证："不是阳澄湖蟹好，人生何必住苏州。"国人吃大闸蟹，必配江浙黄酒。殊

不知，法国也有一款葡萄黄酒，配中国之大闸蟹，也是一绝！

2013 年 11 月 2 日

补注

　　此葡萄黄酒，即法国 Jura 省的 Vin Jaune。这种酒虽然只有在法国 Jura 产地才有，在市场上却非常活跃。品尝她的人总是两个极端，要么极力排斥，要么极度钟爱，她的个性实在是太强了。这种争议自始至终都落在她的身上。这种酒对土质、葡萄品种、气候等条件都特别讲究。如 Jura 当地的土壤便是特有的泥灰岩，所用葡萄也是当地特有的 Savagnin。这种葡萄个头小且圆，而果皮和果肉又很厚，比通常的品种要晚熟。

　　Vin Jaune 的酿造工艺也与众不同。葡萄发酵完后，还要在橡木桶里存放六年或更长时间，进行陈酿。在此期间，除了静静等待，绝不能进行任何操作。恰如世间有些事，唯经得起等待，才会给人带来意外的惊喜一样。《葡萄酒的童话》里也有类似的意思，它说："生命当然是值得活下去的，因为生活里有时会出现黄葡萄酒的滋味。"这大概就是钟爱此酒的人的心声。

 千岛湖的不完美

　　千岛湖的山，千岛湖的水，千岛湖的桔，千岛湖的树，千岛湖的蟹，千岛湖的鱼，千岛湖的天，千岛湖的人 ……一切的一切，都非常完美。只一点可惜：红酒不够好。

2013 年 11 月 16 日

在千岛湖，我们受到当地主人的热情款待，心存感激！之所以仍指出红酒欠佳一事，是希望国人能对红酒有更多的重视与认识。

##  趁新鲜喝的葡萄酒

这注定是一个令人难忘的日子：11 月第 3 个星期四，Beaujolais Nouveau 上市了！ Beaujolais Nouveau 一反传统的法国红酒，只用 30 至 50 天的新鲜酿造，口感清新，酒质轻盈，给世人带来的是葡萄的果香、丰收的喜悦，以及欢乐的冲动。诚如其创始人 Georges Duboeuf 先生所言：Beaujolais Nouveau 酒的魅力，就是 "生命狂喜的味道"！这一味道，我品尝到了，您呢？

Beaujolais Nouveau 的盛名也为自己带来过许多误解。譬如，很多人以为新酒是 Beaujolais 唯一的酒；Beaujolais 的酿酒历史不过区区数十年；还有人认为这酒是工业化批量生产的酒。实际上，Beaujolais 早在公元 10 世纪就开始酿酒，只是葡萄酒并不作为这里主要的产物。到了 19 世纪，这里的葡萄园面积和数量逐渐增加。当 Beaujolais Nouveau 备受瞩目，人们才开始注意到这个地方。最初的时候，人们甚至分不清 Beaujolais Nouveau 属于哪个产区的酒。当然，人们更愿意说 Beaujolais 是独立的产区，因为它太独特了。但是在 1930 年，Beaujolais 被划归布根地产区，纵然这里的酒和布根地那些声名赫赫的酒几乎是截然相反的风格。人们甚至忘记了，Beaujolais 酿酒主要使用的佳美（Gamay）葡萄正是被布根地的酒农们所遗弃的。

2013 年 11 月 21 日

## 🍇 酒要跟对的人喝

加国亲戚来家小住。晚上，与 90 岁长者开瓶共饮。此时，感觉喝什么酒已不重要，重要的是聆听老人家对于生命的感悟。"壮年听雨客舟中，江阔云低断雁叫西风……"啊，人生苦短，壮志未酬。今日痛饮，醉取关州！

2013 年 11 月 23 日

"壮年听雨客舟中，江阔云低断雁叫西风"出自宋朝词人蒋捷的作品《虞美人·听雨》。这首词以"听雨"为媒介，高度概括出少年、壮年和晚年的不同遭遇与感受，言简意赅。

## 🍇 名画演绎

最近两期红酒俱乐部的活动，均是把红酒与油画结合起来一起品赏。上一期，请了刘老师来讲解凡·高的一生及其作品。凡·高的画，色彩鲜明（特别是黄色），个性张狂（"张扬"已不足以表达）。你要么感到震惊，不喜欢它；要么感到震撼，很喜欢它。本期，请的是文雅教授来讲解《活生生的油画艺术》。一群法国年轻人，用自己的身体语言，重新演绎了欧洲的众多名画。搞笑之余，不禁令人深思：敢于对权威进行嘲笑与挑战，不正是推动艺术与社会前进的巨大动力吗？

2013 年 11 月 29 日

##  葡萄酒和日本料理

天气寒冷，来点热的！傍晚，与朋友光临了一间日本铁板烧。热气腾腾的食物果然令人胃口大增。大厨最后表演了一手绝活：火烧香蕉冰淇淋！颇具可观性！吃日本餐，自然配日本清酒。然，以法国葡萄酒配日本料理，也有诸多选择。如以布根地的 Chablis 搭配鱼生，或以 Rhône 南部年轻、力劲的红酒搭配烧鳗鱼，就被称为经典的搭配。

2013 年 12 月 7 日

　　Chablis 是最广为人知的布根地白葡。她还有一个俗称："蚝酒"，即她是配食生蚝的绝佳首选。我自己配食过多次，确实名不虚传！

　　法国的产酒区可分为 13 个，各具特色。于我而言，Bordeaux 与 Bourgogne 是我最爱的双娇，而 Rhône 则是当仁不让的小三。

# 葡萄酒的富贵与贫贱

## 🍇 将军和美人

　　昨晚，参加了 Château Palmer 的品酒晚宴。共品了 Vin Blanc de Palmer，2011；Alter Ego de Palmer，2007；Château Palmer，2007 及 Château Palmer，1986 等四款酒。当然，最值得期待的是最后者。1986 年在波尔多左岸并不是一个很好的年份，天气偏冷，因此，存放了 27 年的酒如今状态会如何，令人关注。第一口，就令我颇感意外，单宁强劲，涩感甚重！这说明此酒非但没有走下坡，反而还应多储存几年。惊喜！说实在的，Château Palmer 一直是我最喜爱的红酒之一。我喜爱她那关于将军与美人的优美传说，也喜爱她那混合雄浑与优雅的复杂口感。

2013 年 11 月 29 日

> 虽然 Château Palmer 只是波尔多特等酒庄的三级庄，但长期以来，大家公认其出产的葡萄酒具有异常优越的品质，是在 Margaux 产区唯一可与 Château Margaux 一争天下的酒庄，也是至今为止唯一一家能够挑战波尔多特等酒庄一级庄的三级庄园。

## 🍇 Château Kirwan 与辛弃疾

还是在家千日好！今晚，开了一瓶 2000 年的 Château Kirwan。虽是 Margaux 产区的名庄，但她却有着与众不同

的味道：除了香气仍旧之外，你会品尝到一丝丝的苦涩之味，犹如烧焦了的黑咖啡，也犹如战场上的弥漫硝烟。正如一位酒评家所言：喝 Château Kirwan，就如同读辛弃疾之词，有一股凡夫俗子所不能理解的非凡气概！隐约记起辛词《破阵子》："醉里挑灯看剑，梦回吹角连营……"

2013 年 11 月 30 日

**补注**

　　Château Kirwan 的故事颇跌宕起伏，与爱尔兰人 Mark Kirwan 有关。这位外国小伙把原庄主的女儿给娶了，并继承了酒庄。Château Kirwan 的名字由此而来。Mark 把酒庄打理得非常好，并于 1885 年被评为三级酒庄。当时还在当法国大使、后来成为美国总统的 Thomas Jefferson 也曾来过这座酒庄。

　　之后，酒庄被一位植物学家 Camille Godard 购入。这位植物学家是个不得了的人物，后来当上了波尔多市长。去世后，他将所有的家财都捐给了波尔多这座城市。此后，Château Kirwan 历经大萧条时代、两次世界大战和各种虫害，然而它还是挺了过来。到了 20 世纪，饱经沧桑的 Château Kirwan 才慢慢恢复过来，倒真有种苍凉中勃然振奋的豪气。

## 🍇 比较波尔多红酒

　　今晚，请朋友对比品尝了三款波尔多红酒：Jean-Pierre Moueix Bordeaux，Jean-Pierre Moueix Saint-Émilion，Jean-Pierre Moueix Pomerol。同是 Jean-Pierre Moueix 家族的酒，同是 2009 年，口感却截然不同：第一款口顺但轻淡；第二款口涩但香郁；第三款口苦却回甘。Jean-Pierre Moueix 家族在波尔多大名鼎鼎，其旗下的 Pétrus 贵为十大名庄之首，无人不晓。

2013 年 12 月 6 日

**补注**

Jean-Pierre Moueix 家族是在 Saint-Émilion 区做葡萄酒贸易发家的。至今，他们的贸易网络囊括了 30 多个国家和地区。其后，Moueix 家族在不同的产区，如 Saint-Émilion、Bordeaux、Pomerol 等，都购入了酒庄。如其名下的 Pétrus 就在 Pomerol。Jean-Pierre Moueix 还趁着白宫宴请时将 Pétrus 带入美国白宫，使得 Pétrus 成为白宫的常备酒，也成为当时的总统肯尼迪和美国上流社会的时尚酒。Pétrus 由此声名大振，酒价也翻了许多倍，遂有"酒中黄金"的美誉。

当然，Pétrus 能做到这点，不仅得益于 Moueix 家族强大的贸易网络，还有一点也极其重要：注重品质。Pétrus 只有 11.5 公顷的葡萄园，但它对选用的葡萄、年份、气候的要求近乎挑剔，所以产量极少。据说，Pétrus 在葡萄尚未成熟时会将部分葡萄剪掉，减少产量，以提高品质。Pétrus 还只在下午才到葡萄园采摘，以避免将露水还没干的葡萄采摘回来，而日落前必须将葡萄采摘完成，以此保证葡萄的质量一致。而遇到年份不好的时候，例如 1991 年，酒庄甚至宁可停产，也不滥竽充数。正是源于庄主这种近乎严苛的标准，Pétrus 的品质非常高，售价也相对高昂。除了 Pétrus，Jean-Pierre Moueix 家族在 Pomerol 还购入了相当多的葡萄园，如 Le Fleur Pétrus、Trotanoy 等。

## 在乡间品酒

公司员工度假布吉，享受阳光海滩。我借机返乡探母，享受家庭温暖。友人得知，盛邀晚宴。席间，我们依次品尝了 2007 年的 Le Petit Cheval，2010 年的 Penfolds Bin 707，以及 2007 年的 Château Leoville-Las-Cases。前者口顺但略感轻薄，中者浓郁但略感苦涩，后者厚重但略感沉闷。我没有想到在乡下仍能品饮到如此正宗且上档次的红酒，可见友人之拳拳诚意。实在感谢！

2013 年 12 月 13 日

补注

　　Le Petit Cheval 是 Château Cheval Blanc 的副牌酒。Château Cheval Blanc 译为白马酒庄，Cheval Blanc 即白马之意。Le Petit Cheval 理所当然地被称为"小马"。据说，白马庄所在地原是一家客栈，法国国王亨利四世曾经路过此处，并在客栈歇脚。客栈老板见亨利的徽章上有独角白马，又骑着一匹白马，颇觉得区区小店能让国王光临，与有荣焉，遂将原客栈改称"白马客栈"了。再后来，客栈改成了葡萄园，依旧沿用"白马"之名。Le Petit Cheval 是 1988 年才开始酿造的，起初其质量并不尽如人意，因为采用赤霞珠葡萄和佛朗葡萄对半酿造，所以要酿出好酒，可遇不可求。它需要所用的两种葡萄都恰好有好的收成，因此产量也并不高。

## Shiraz 中的王者

今晚友人相聚，相约各带红酒，一贺朋友高升，二祝圣诞快乐。我带了一瓶 Magnum 的澳洲 RSW 家族 Wirra Wirra 酒庄 2010 年的 Shiraz。Shiraz 品种源于法国，却在澳洲得以发扬光大。而 RSW 家族的 Wirra Wirra 酒庄素与 Penfolds 酒庄齐名，同被称为澳洲 Shiraz 之王。果香，浓郁，厚身，强烈，确实让人领略了一番澳洲 Shiraz 的非凡风味！

2013 年 12 月 19 日

Wirra Wirra，"欢聚"之意。酒庄坐落澳洲麦嘉伦谷。它在管理上有一个特点：大庄园分成 15 个细小庄园，最大的 85 英亩，最小的只有 8 英亩。这样能更好地投入专业人力，照顾到葡萄生长、成熟的各个阶段，所以其品质非常好。它所用的是源于法国的、有"红葡萄王子"之称的 Shiraz 葡萄。Shiraz 落地澳洲后，其风格也变了，更丰富、成熟，其味更佳。因故，澳洲的酒庄几乎都会酿造 Shiraz 种类的葡萄酒。换言之，澳洲的 Shiraz 葡萄酒值得品尝，尤其是 Penfolds 及 Wirra Wirra 酒庄所产的 Shiraz。

# 英国将军 Talbot

今晚，在家开了一瓶2006年的 Château Talbot。此酒中文译名为"大保"。酒如其名：结结实实，稳稳当当。Talbot 的酒质一直都非常的稳定，绝对符合人们对波尔多四级名庄的期望与要求。Talbot 源于一位英国将军的大名，可见此地区与英国人的深厚渊源。历史上，法国的波尔多地区曾被英国人统治过整整300年！这也就解释了为什么时至今日，英国人对波尔多葡萄酒还是如此情有独钟！

2013 年 12 月 21 日

Talbot 将军离开酒庄奔赴战场前，曾将自己的金银珠宝都埋在酒庄某条地下通道中。然而 Talbot 将军不幸战死沙场，再也没有回来。关于他的传说却一直在流传。后来的 Château Talbot 的庄主 Cordier 得知了传言，在庄园中大规模挖掘，但始终没有任何发现。后来也有无数人乘兴而来，败兴而归。其实，不管宝藏是否真实存在，这个传说始终都会吸引人们对 Château Talbot 投来关注。Cordier 家族至今仍是 Château Talbot 的所有者，一代又一代的传承，将其精力都全然专注在这里，守护着这不知真假的宝藏。但这许久时光，他们用自己的智慧和努力，创造了新的"宝藏"——品质和名声。

# 红酒是寒冬里的暖炉

## 兄妹酒庄

今天是冬至，冬至大如年。傍晚，全家打边炉，一屋暖洋洋！挑了一支 2004 年的 Château Pichon Baron。此酒常使人联想到另一款 Château Pichon Lalande。同为波尔多的超二级名庄，庄园相邻，名字相似，难道……对的，他们是兄妹庄，160 多年前是一家。当年老庄主逝世时，根据已经生效的《法国民法典》，原酒庄须由儿女们平均分配。于是，酒庄一分为二，两个儿子继承了 Baron，三个女儿继承了 Lalande。今日，当人们评论说 Pichon Baron  的酒阳刚雄壮，有男人味，而 Pichon Lalande 的酒温顺柔美，有女人味时，实当溯源于此。

2013 年 12 月 22 日

## 葡萄酒和耶稣

平安夜，天空中飘荡着圣诞的歌声。是的，这是一个团聚、欢乐的夜晚。几位孩子的小同学们来家里玩耍、用餐，热闹非凡！为了应节，我开了一瓶2009年的Boisrenard，Châteauneuf-Du-Pape。13世纪初，当Clément V新教皇取代罗马教皇在法国Rhône地区建立夏宫时，他也没有想到日后此地会变成法国的一个著名葡萄酒产区，并以他的名字命名：新教皇城堡。

事实上，葡萄酒与宗教渊源深奥，《旧圣经》就引述耶稣的话："面包是我的肉，葡萄酒是我的血。你们要多吃面包，多喝葡萄酒。一为了不忘本，二为了获保佑。"在这圣诞节即将来临之际，让我们共同举杯：圣诞快乐！

2013 年 12 月 24 日

据说在Châteauneuf-Du-Pape曾居住过九位教皇，碰巧这九位教皇又都是葡萄酒的爱好者。他们不仅喝葡萄酒，还"躬耕陇亩"，自己酿酒。这里的葡萄因为质量很好，由这里酿造的葡萄酒品质也属上乘，广受欢迎。如今，在Châteauneuf-Du-Pape产区还有着众多酒庄。不过品质也因此而参差不齐。为了保障质量，1894年酒商们成立了酿酒工会，达标的酒庄有权使用统一的标志——两把交叉的钥匙和一个皇冠。

## 🍇 白色圣诞节

过一个白色的圣诞节？这个可以有。昨天飞抵日本 Niseko；今早全副武装，登山滑雪去！看，巍巍群山，茫茫雪地，好一派壮丽的北国风光！滑雪健儿们飞驰而下，犹如雄鹰展翅，又犹如猛虎下山，那种速度，那种刺激，那种挑战，非言语所能表达，非亲临很难体会！Ready？ Go！

2013 年 12 月 27 日

## 🍇 太阳之酒

白天滑雪，晚上当然要喝红酒了！在冰天雪地里打滚了一天，现在，傍着暖炉，听着声乐，就着佳肴，开始品

111

红。此次，我带了两款共 4 瓶酒：一款是法国 Rhône 产区的，另一款还是法国 Rhône 产区的。之所以挑选她们，是因为该产区一年四季阳光充足，故 Rhône 的红酒一直有"太阳之酒"的美誉。试想象，在一个天寒地冻的冬夜，饮着一杯"太阳之酒"，遐想着夏日的蓝天白云、阳光海滩，该是一件多么惬意的事情！

2013 年 12 月 28 日

##  姐妹山坡

这几天，大风大雪！山顶上，风雪交加，寒风刺骨，雪沙狂舞，10 米以外已看不清人影，难度骤增。然，勇气与乐趣也在倍增着，我们全家依然欢快地穿梭在茫茫的群山之中。晚上，开了一瓶 Côte-Rôtie，Côte-Brune，2009，Domaine Gilles Barge。Côte-Rôtie 中文译为"烘烤的山坡"，可见当地是如何骄阳似火了！Côte-Brune 中文译为"棕色坡"。传说 16 世纪时，有位本地的侯爵把两块葡萄园分给了两个闺女作为嫁妆，一个是金色头发的，一个是棕色头发的，以至于现在有了"金色坡"与"棕色坡"之分。金色坡产的红酒柔情似水；棕色坡产的红酒热情如火。在这大雪纷飞的夜晚，我毫不犹豫地选择了后者……

2013 年 12 月 30 日

实际上两者的颜色区分是土壤成分不同，金色坡由浅色的花岗石和石灰石组成，棕色坡由含矿土的片岩石组成。另外，Côte-Rôtie 葡萄产区几乎都是连绵起伏的山坡，很陡峭，而且土壤几乎由各种岩石组成，水土流失很严重。为了减缓这种情况，这里的葡萄园都砌了石墙护坡，形成了一种壮丽的"梯田"风景。也因此，每年维护这种石墙花费巨大，葡萄园的工人人均护理面积只有 2 公顷，而在其他葡萄园可达 15 公顷。当然，投入较多的人力，使葡萄园能"精耕细作"，葡萄品质也相对优秀，Côte-Rôtie 遂因此成为蹿升极快的一匹黑马。

# 辑四

## 流【光】邂逅：每一个美丽的瞬间

李白诗云：平明拂剑朝天去，薄暮垂鞭醉酒归。时光易逝，而每一个美丽的瞬间都被铭记。那些有酒的时光，我们独自凝思，或与朋友欢聚。葡萄酒是生活的盐味，它让每一个瞬间都与众不同。品红，品的也是瞬间的永恒。

# 以酒之名祝福新年

## 🍇 当罗马骑士种了葡萄

六天了，滑了整整六天，从去年滑到今年，滑了13，又滑14，累极了，也过瘾极了！今晚，与友人相约共餐，同贺新年。我准备带一瓶 Hermitage，2007 年，Domaine Philippe & Vincent Jaboulet。该酒庄位于北隆 Hermitage 产区。传说 12 世纪时，一位名叫 Gaspard Sterimgberg 的罗马骑士厌倦了屠杀，躲进深山老林，隐居修炼。他用杀人的双手种起了葡萄树，将一颗充满仇恨的心变成了慈爱之心。就这样，他为世人献上了一种非常成熟、香浓、完美的葡萄酒。在 19 世纪前相当长的一段时间里，Hermitage 的红酒被公认为最好且最贵的红酒之一。现在我身在遥远的雪山之巅品红，或许正如当年 Gaspard 在高山上斟酌着自己的葡萄酒。让我们举杯，给各位亲朋好友送上最温暖的祝福：新年快乐！

2014 年 1 月 1 日

补注

Gaspard 还建了一座修道院。如今，这座修道院已成了当地的地标。当地自然条件非常好，适合种植葡萄。用此地种植的葡萄酿出的酒品质极佳，备受欢迎。Gaspard 的无心插柳给当地农民带来了巨大的商机，当地人也纷纷效仿，辟地种葡萄，此地由此成为法国的著名的葡萄园区。Gaspard 去世后，当地人为了纪念这位骑士，将此地命名为 Hermitage，中文意思即隐修之处。

据说，当时 Médoc 产区的酒庄都曾花大价钱到这里购入 Hermitage 的酒，然后与自己的红酒勾兑，以此提升酒质。有酒商记载，1795 年，Château Lafite 就在自己酒中大量兑入 Hermitage 的酒，因而当年的 Lafite 被认为是当年最佳的葡萄酒。如今，Hermitage 依旧是法国最为珍贵的葡萄园。著名的 Michel Chapoutier 先生的酒庄就在此处。Michel Chapoutier 还在火车站出口设了一个品酒中心，方便来这里游玩的旅客能有机会品尝他的美酒。

关于 Hermitage，《完美和谐》的作者菲利普·布吉尼翁（Philippe Bourguignon）曾有过非常有趣的评论："它可以因为能搭配大蒜的特性而自豪，因为这种特质是其他葡萄酒所没有的……年轻的 Hermitage 所拥有的干草和鸢尾花香气与地中海料理的明星佐料有极佳的共鸣，不管里头有没有普罗旺斯香料和 pistou（大蒜酱）。"

## 🍇 三剑客和三款酒

　　昨晚，三剑客相聚，送旧迎新，共商大计。品尝了三款酒：2010年的 Vougeot 1er Cru，Le Clos Blanc De Vougeot，Monopole；1996 年的 Puligny-Montrachet，1er Cru Les Referts，Louis Carillon et Fils；1989 年的 Château Mouton Rothschild。前面两款是布根地的白葡，前者清新、爽口，后者香醇、顺喉。同时，我还学到了一点小知识：原来，好的白葡萄酒也是需要醒酒的！最后一款是波尔多大名鼎鼎的武当王，厚重、涩甘，不断变化，越变越好。三人喝了三瓶，真痛快！

2014 年 1 月 5 日

## 🍇 大家闺秀和小家碧玉

　　中午，与几位朋友把酒言欢，感恩去年，寄望来年！品了一瓶 2001 年 的 Château L'Évangile 及 一 瓶 2002 年 的 Château Lafite Rothschild，最后还加了一瓶甜酒。同是罗斯柴尔德家族的成员，Lafite 是老大，大家闺秀，端庄、优雅，令人赞不绝口。L'Évangile 是小三，小家碧玉，乖巧、秀美，令人爱不释手！今天，我更加明白了一个道理：喝什么酒并不是最重要的，最重要的是与什么人喝！

2014 年 1 月 5 日

## 智利与法国

周末，朋友来家小贺。瞬间变出满桌佳肴，令人惊喜！开了两支红酒：智利 2007 年的 Le Dix de Los Vascos，及波尔多 1996 年的 Cos D'Estournel。品红酒，诵文章，唱昆剧，听名曲，论人生，不亦乐乎？Le Dix de Los Vascos 是为纪念罗斯柴尔德家族进军智利十年而特别酿造的一款限量发行的葡萄酒，清香、爽嘴，口感愉悦。Cos D'Estournel 曾因共产主义奠基人马克思结婚时，其好友恩格斯送了两箱此酒作为贺礼，而一度成为前苏联高官访法时必买的上等手信。其酒香醇、优雅，余味悠长。

2014 年 1 月 12 日

119

补注

　　Los Vascos 的成名与英国作家 Hugh Johnson 有关，他也是世界上极为著名的酒评大师。1985 年，他参观了 Los Vascos 酒庄，称它是南美的 Lafite。Los Vascos 遂备受瞩目。有趣的是，三年后 Rothschild 家族真的将 Los Vascos 收于旗下（占股 57%）。罗斯柴尔德家族财力雄厚，旗下名庄如云，Los Vascos 的品质和声名也随之水涨船高。十年后，Le Dix de Los Vascos 作为纪念性质的限量酒款面世，它选用葡萄树的年龄约在 70 年左右，在这批葡萄中又挑选最好的葡萄制作，于新橡木桶中陈酿近 18 个月。可以说，Le Dix de Los Vascos 是 Los Vascos 酒品最佳的酒款。以后，每逢好的年份，Los Vascos 都会选取最好的木桶里的酒进行酿制 Le Dix de Los Vascos。

## 忘忧酒

　　昨晚，同事相聚，听到了一首歌《老子明天不上班》。此时此刻，在家品着红酒听着此歌，倒也觉得非常的切题：反正"老子"明天不上班，那今晚就多喝些吧！开了一瓶 2001 年的 Château Chasse-Spleen。这是波尔多中级酒庄之
王，中文为"忘忧庄"，据说源自于英国诗人拜伦的一句诗："Quel remede pour chasser le spleen（真是驱除忧郁的灵丹妙药啊）！"。真的，喝了此酒，忧愁全无，反正"老子明天不上班"，哈哈！

2014 年 1 月 17 日

# 当有酒的人遇上知己

　　昨晚，好友来访，越聊越开心，越喝越高兴！先开了一瓶布根地2005年的Gevrey Chambertin，Domaine Denis Mortet，又开了一瓶隆河2009年的Clos de L'Oratoire des Papes，Châteauneuf-Du-Pape，最后还加了一瓶隆河2009年的Boisrenard，Châteauneuf-Du-Pape。尽兴而散！

　　波尔多的红酒品多了，想换换口感。布根地的酒以单一葡萄Pinot Noir酿造，口感清纯，淡雅。隆河以多种葡萄如Syrah、Viognier、

Grenache、Cinsault、Mourvedre 等混合酿造，口感厚重，浓烈。比较着品，差异立现。

2014 年 1 月 19 日

补注

　　Gevrey Chambertin 是布根地北面的著名村子，这里的酒被誉为"酒中之王"，颇具阳刚之气。Domaine Denis Mortet 也是 Gevrey Chambertin 中的一个酒庄。遗憾的是，被誉为"天才酿酒师"的庄主 Denis Mortet 于 2006 年饮弹自杀，原因不明。很多媒体猜测，Denis Mortet 自杀是因为顶着"天才"的压力。他自小跟随他的父亲 Charles Mortet 学习酿酒，后来又师从"布根地之神"Henri Jayer。他天资聪颖，从 Jayer 那里继承了他的葡萄酒哲学——尊重土壤。他还是个执着的理想完美主义者，他执着地实践自己的理想。他不把葡萄酒当作产品，而是当作人类文明进程的一个见证。他不使用农药，不用化肥，手工采摘葡萄，让葡萄酒的味道回到它最初的、最纯粹的时代。

　　1991 年，他独立创建了酒厂。1993 年和 1998 年，他都如愿地创造了葡萄酒的奇迹。然而在 1999 年，他的酒成为了失败品。更令他沮丧的是，1999 年恰好是葡萄酒的好年份！如此的反差，对于一个视酿酒如生命创作的酿酒师而言，确实是一件不容易接受的事。当然，无论他的自杀出于什么原因，Mortet 的去世对于葡萄酒界和他的酒迷们都是损失。人们将会非常怀念他的作品，怀念从他手里酿造出来的味道。

## 🍇 初醒之杨贵妃

朋友设家宴，情意暖人心。5 人开了 4 瓶酒，不醉无归！其中两瓶 2001 年的 Château Ducru Beaucaillou 令我喜出望外。Château Ducru Beaucaillou 被誉为波尔多 Saint-Julien 的 Lafite，优雅、平衡。对于此酒有一句经典的评语：犹如初醒之杨贵妃，一笑百媚生，六宫无颜色！

2014 年 1 月 26 日

　　Château Ducru Beaucaillou 曾发生过一件轰动葡萄酒界的事。19 世纪中，苏格兰裔 Nathaniel Johnston 接手了 Beaucaillou。随后他发现这个地方常常被小偷光顾，这让他极为苦恼。为了防止小偷，他没有养狗，也没有设陷阱，反而将硫酸铜与石灰混合后喷在葡萄上。这样葡萄就有一股臭味，大概是硫的气味，小偷果然因此少了很多。

　　1880 年到 1890 年间，波尔多地区爆发了大规模的根瘤蚜虫病害，葡萄园受害极深，许多葡萄园将葡萄树连根拔起，损失了许多高龄的优质葡萄树。但 Château Ducru Beaucaillou 的葡萄树几乎不受影响，这时人们才发现，Nathaniel Johnston 给葡萄树喷的这种混合剂竟能抗根瘤蚜虫，于是纷纷效仿，效果立见。Nathaniel Johnston 无意间的发现拯救了葡萄酒世界，Château Ducru Beaucaillou 也因此声名鹊起。

# 船帆半降的浪漫

回家当然要喝好酒！今晚，开了一瓶 2007 年的 Château Beychevelle。
年份虽然一般，但酒可是大名鼎鼎。此酒庄最早于 16 世纪由一位法
国的海军上将建立。当时，上将下令，所有的船只经过波尔多的 La
Gironde（芝朗迪河）时，都必须放慢速度及降下半旗，以示对波尔多
这片令法国人骄傲的葡萄酒圣地的尊敬。而此时，在酒庄古堡里的上
将夫人，也会脱下围巾带领其他人一起挥舞，表示感谢。多么浪漫的
场面，令人神往！

2014 年 1 月 28 日

# 葡萄酒的双"国"记

## 在牛津品红

　　昨日，大年三十，重游牛津。古朴的建筑，厚重的文化，令人流连忘返！今天，初一佳节，欢聚英伦。此时此刻，又怎能没有葡萄美酒？挑了一家意大利餐厅，选了一瓶意大利红酒：2012年 Castellani，Chianti。在旧世界的葡萄酒里，能与法国酒相提并论的，相信非意大利葡萄酒莫属。浓郁的果香，充足的单宁，丰富的酒体，突出的酸味，意大利红酒能让你胃口大增，谈兴更浓！借酒献词：遥祝各位亲们新春快乐，马年吉祥，想神马就有神马！

2014 年 2 月 1 日

补注

此前我曾谈及法国葡萄酒的评级制度。意大利也有分级制度，其级别由上至下分为：DOCG、DOC、IGT、VDT。DOCG 是从 DOC 级别的产区中挑选优质产区，经过评选后才会被认证为 DOCG。它代表意大利葡萄酒的最高品质。

最初，被评为 DOCG 级别的产区只有五个，Chianti 就位列其中。时至今日，Chianti 产区的葡萄酒依旧是 DOCG 里的佼佼者。此产区原本只是一片起伏的丘陵，19 世纪，一位男爵在此地种植葡萄，并将不同品种的葡萄混合酿制成酒，品质甚佳，遂名动一时，此处连绵的丘陵也变成浪漫的酒乡。历史就是如此有趣，没有必然的历史，只有偶然的相遇。

Chianti 产区又分有 Chianti 和 Chianti CLASSICO 两个 DOCG 级别的小产区。Chianti CLASSICO 后来成立了一个酿酒协会，只有达到协会的规范的葡萄酒才能被贴上 Chianti CLASSICO 的独特标志：一只黑色的公鸡。如今，这只"黑公鸡"已经成为该地葡萄酒质量的保证。

## 看音乐剧与喝葡萄酒

昨天是音乐日。上午听了一场小型的室内演奏，晚上看了一场大型的音乐剧。一整天，感觉音符在跳跃，思绪在飞扬，心灵在吸氧。伦敦的 musical show 举世闻名。一到晚上，大小过百家剧院几乎场场满座，不可思议！经典的音乐剧如《Les Miserable》、《Phantom of the Opera》、《Mamma Mia》等，一演就是十几二十年，其演出水平

之高、时间之长，令人叹为观止！有趣的是，在伦敦观看音乐剧，中场休息时，人们可以轻松地品饮一杯葡萄酒。相信是人在微醺时继续观赏演出，更易达到全身心陶醉的最高境界吧？

2014 年 2 月 2 日

 ## 阿尔卑斯，我来了！

终于来了——Courchevel，阿尔卑斯山，全世界最大的滑雪胜地。"我来了，我见了，我征服了！" 凯撒大帝的名言就是我此刻的心情写照！

早上，登上 3000 多米的山峰，第一眼，就已被眼前的景色所深深折服：山，是如此的高大、雄伟、峻峭；谷，又是如此的宽广、辽阔、壮观！太阳照耀下，阿尔卑斯山把她最优美、最迷人的一面呈现给了我们。除了感叹，只能无言！

这里的雪道宽敞、流畅。瞬间，只感到风在啸叫，树在后闪，山在移动，人在飞驰！此时，容不得 0.01 秒的分神！这就是滑雪的乐趣：全神贯注，享受当下！

2014 年 2 月 5 日

127

# 🍇 在法国雪山遇到好酒

到法国滑雪，最大的好处就是：美食美酒不愁。不论是在巴黎繁华的大街，还是在雪山宁静的小镇，美食均一流，美酒超一流。此次7天6晚，共品尝了9瓶红酒，外加1瓶香槟、1瓶甜酒。其中1瓶1990年的Château Gruaud Larose令我喜出望外。这是波尔多一家低调、沉实的特等二级庄，风格旧派，单宁偏多，需陈年老酒才能一睹其真正风采。1990年正好又是一个非常好的年份，至今24岁高龄，加上价格才120欧元（如在香港，价格肯定翻倍；如在大陆，还会再翻两三倍），因此，果断下单。果然，此酒口感香醇，平衡很好，酒后留甘，物超所值！

2014年2月9日

Château Gruaud Larose始于何时，如今已不能考究。有文件证明，最迟至1742年，这座庄园就已经存在了。但流传于世的说法是，早在1725年，Joseph Stanislas Gruaud骑士就创建了这座庄园。到了1757年，Abbot Gruaud已获得接近如今庄园的土地，并种植葡萄园，酿造葡萄酒。其酒销往世界各国，颇具实力。Abbot Gruaud还有一个奇怪的爱好，他的葡萄酒销往哪个国家，他就在庄园中升起该国的国旗。每当路过庄园，只要抬头看一眼庄园中升着什么国旗，就能知道Abbot Gruaud把酒卖到了什么地方。所以Château Gruaud Larose最初是因"升国旗"而为人所知的。这一传统一直保留到了现在。

# 那些节日和那些故事

## 🍇 情人节和葡萄酒

时间就是这样的巧合：情人节、元宵节一起来了！双节来临，又怎能少得了鲜花与葡萄酒呢？鲜花你可能会选玫瑰，那葡萄酒呢？今晚，我选的是一款2003年的 Château Calon Segur。不单单是因为2003年在 Saint-Estèphe 是一个非常优秀的年份，也不单单是因为该酒庄是法国波尔多著名的特等三级庄。其历史悠久，质量优良，这个不在话下，更为重要的是，此款酒的酒标上有一颗大大的心形图案！此心形图案来源于其原庄主的一句名言："Je fait du vin à Lafite et à Latour, mais mon coeur est à Calon.（我在 Lafite 与 Latour 庄酿酒，心却落在了 Calon 庄之中。）"佳节时分，烛光之下，与自己的另外一半品尝此酒，寓意芳心相许，心心相印，岂非诗情画意？

2014 年 2 月 14 日

##  火锅配红酒

昨晚天寒，家设火锅，邀三五朋友，谈东南西北。共品了5瓶红酒：2瓶布根地的，2瓶波尔多的，1瓶意大利的。其中，朋友带来的1瓶布根地的2007年Chambolle-Musigny，Domaine Perrot-Minot，不用醒酒，其艳丽的颜色，清新的果香，飘逸的口感，配上头盘的乳酪、橄榄、三文鱼酱饼干，简直是完美的配合，令人惊喜！

2014年2月17日

补注

Domaine Perrot-Minot所在的Chambolle-Musigny村庄曾经被称为沸腾的土地，原因是流经村庄的河流每逢大雨就会变成激流，仿佛大地沸腾，在跳动。值得一提的是，在1936年，该产区刚成立的时候，整个Chambolle-Musigny只有400人左右。但这里种植的葡萄园和酿制的葡萄酒冠绝Côte d'Or。

庄主Perrot-Minot是个技术控，更偏爱用技术分析葡萄，根据各种指标数值，确定什么时候该施肥，什么时候该收获。《葡萄酒鉴赏家》的Bruce Sanderson曾这样描述该酒庄：一直坚持酿造具有自己风格的葡萄酒，并逐年使之更为优雅柔和。该酒庄酿造的葡萄酒是布根地最迷人的葡萄酒之一。

## 🍇 穷人的 Mouton

周末，约了几位朋友品红。开了一瓶 2002 年的 Château Lynch Bages。这是一款在中国香港最为知名的红酒，一是由于极受原英国公务员的喜爱；二是由于此酒物美价廉，性价比高，素有"穷人的 Mouton"之称；三是由于其名字易读，法、英、中文同音，中文译名 "靓次伯"，又恰好是香港广为人知的粤剧红伶，朗朗上口。朱兄说他体会到了一种前所未有的感觉：入口奇妙，但一纵即逝，瞬间就成了记忆。妙哉，奇哉！

2014 年 2 月 22 日

131

说到"穷人的 Mouton"，如今掌管 Château Lynch Bages 的葡萄酒世家 CAZES 家族也曾经是穷人。1824 年之前，庄园由 Lynch 家族掌管。当时的庄主 Jean-Baptiste 于 1809 年当上了波尔多市长，无暇再顾及庄园，于是让哥哥 Michael 接手。谁料 Michael 不善经营，庄园从此衰落，并于 1824 年被抛售。

这段时间，正是 CAZES 家族蓬勃崛起的时候。20 世纪初，葡萄界爆发了堪称一战的根瘤蚜虫灾害，各地葡萄园灾情甚重，人心惶惶。给葡萄树除虫是件麻烦的事，得用巨大的针筒往根部注射药剂，当地人靠着种植葡萄园和酿酒，生活相对富裕，不愿干这种活。这就给山区的农民带来了工作机会，于是数年间，波尔多涌来了大量移民。CAZES 家族就是移民大潮中的一员。30 年过去后，来自山区的 CAZES 家族已经富甲一方，曾经为葡萄园工作的他们随后也购入了几个葡萄园，开始经营酒庄。Château Lynch Bages 就在其中。

当时 CAZES 家族的掌门人是非常出色的酿酒师 Jean Charles。他就是在父母落脚波尔多时出生的，最初迫于生计，曾在面包店里当过学徒。后来一战爆发，他被迫从军，最终官至上尉。一战结束后，他从军队转入银行工作，却偏偏遭遇经济大萧条。许多葡萄庄园也受其影响，经营不善，急欲出盘。Jean Charles 的姐夫便是酿酒师，受姐夫感染，他自己也对葡萄酒兴致颇深，便趁机购入了 Château Lynch Bages。在漫长的岁月里，他最终也成为了一位优秀的酿酒师。他的一生可谓极尽丰富，几经转折，终于找到了可以寄托一生的事业。在他手里，Château Lynch Bages 的酒质达到了巅峰。

##  滑雪冠军和他的酒庄

与几位金融界的朋友小聚，开了一瓶 2002 年的 Château Smith Haut Lafitte。此酒产自波尔多左岸的 Graves 区，是该区的 13 家特等酒庄之一，与 Château Haut Brion 齐名。为人所津津乐道的是其现任庄主 Daniel Cathiard 先生。他曾是法国奥运滑雪队的一名优秀运动员，并夺得过奥运滑雪冠军。退役后接管家族的超市，生意蒸蒸日上。1990 年他毅然把超市生意全部卖掉，套现购买了这家酒庄。从此，Château Smith Haut Lafitte 的酒质直线上升，好评如潮。

2014 年 3 月 6 日

##  妇女节选了一瓶"他"

今天是三八国际妇女节。女士们过节，我们就更有理由喝上一杯了！晚上，开了一瓶 2007 年的 Xavier Vins Vacqueyras。Xavier Vignon 先生是法国 Rhône 产区一位著名的葡萄酒酿酒师，他不但每年给 200 多家酒庄提供咨询服务，还酿造及经销以他自己名字为商标的葡萄酒。他的酒以厚重、复杂著称。今晚开的这一瓶，观色，颜色是深紫深紫的；闻香，气味是沉闷沉闷的；品味，口感是浓烈浓烈的。在一个女性化的节日里，我却阴差阳错地开了一瓶非常男性化的红酒，好在我知道：有人喜欢"他"！

2014 年 3 月 8 日

##  文艺酒商的古堡

阳历 2014 年 3 月 16 日也正好是农历 2014 年 二月十六，难得的花好月圆之夜！晚上，请了几位朋友品红赏月，开 了 一瓶 2004 年 的 Château Cantenac Brown。这是法国波尔多特等酒庄的三级庄。原庄主 Brown 先生是一位来自英国的酒商，也是一位著名的动物画家。其所建之酒庄古堡展现了英国文艺复兴时代的风格，在波尔多当地令人耳目一新，别具一格。此酒香气十足，平顺柔美，甚受朋友喜爱。

2014 年 3 月 17 日

## 纪念战争的酒

周五晚，又是品红好时光。开了 2 支酒，1 支是意大利的，1 支是法国的。前者为 2006 年 il Molino di Grace，产自意大利中部的著名产区 Tuscany，用优质葡萄 Chianti Classico 酿造，属 DOCG 最高级别。此酒色清味实，如盲品，我会认为这是一瓶法国好酒！后者为 2005 年 Château Batailley， 属波尔多特等酒庄五级庄。该酒庄位于一山坡上，在法、英百年战争时是兵家必争之地。"Batailley"在法文即为"战争"之意。此酒结构扎实，酒身饱满，如多放几年，相信更优异。

2014 年 3 月 22 日

补注

1800年拿破仑曾迎着暴风雪，越过阿尔卑斯山，在意大利的马伦哥跟奥地利大军血拼。血拼时，拿破仑让人将一桶桶的葡萄酒和火炮一起推上阵地，也不知是一边喝酒一边指挥作战，还是将葡萄酒作为战略的一部分。反正，拿破仑一举击破奥军，收复了马伦哥。这消息传回法国，举国沸腾，这样既浪漫又英勇的事正合法国人胃口。拿破仑的这场战争让葡萄酒获得了其他的意义，法国种植葡萄和酿制葡萄酒的兴趣也更浓，葡萄酒的传统和文化由此加深。

据说，Château Batailley就是那个年代，伴随这股葡萄酒热出现的。如今，许多人还会去酒庄参观，感受那个年代的建筑氛围。倘若说，Batailley是"战争"之意，那么它所纪念的这场战争，极有可能就是拿破仑大败奥地利的这场战争。此外，Château Batailley还有一样东西让世人备感兴趣，那就是有200多年历史的酒窖。这里甚至藏着两个世纪以前的葡萄酒，只要打开酒窖的门，一阵陈年的酒香就会从中涌出。

## 🍇 酒庄带回来的酒

昨晚，朋友请赴家宴，开了 1 瓶 2002 年的 Château Figeac，这是他们两年多前访问该酒庄时带回来的。Figeac 是波尔多右岸 St. Émilion 的著名酒庄，前年 9 月未能与 Angelus 及 Pavie 同进顶级酒庄 A，已让众多行家跌碎了不少眼镜片！此酒的酒质不容置疑，但让我感受最深的是她的香味，非常独特。有酒评家评："犹如高贵优雅的法国女人，浑身散发着一抹芳香，会让人不自主想依偎在她身旁。"我呢，带了 1 瓶 1998 年的 Château de Beaucastel。这是 Rhone 产区的名庄，有 400 多年的历史。此酒用足法律上允许的 13 种葡萄混合酿造，酒体结实，浓郁；口感平衡，舒服。真好酒也！Robert Parker 对她的评分是：100 分！

2014 年 3 月 23 日

# 葡萄酒可以说的秘密

 品茶如品酒

朋友乔迁新居，邀到家中品茶庆贺。品茶时，不禁联想到品酒。中国式的品茶与法国式的品酒其实有许多相通之处：两者均有深厚的文化底蕴；两者均是健康饮品；中国有"明前茶"，法国有"Beaujolais"新酒，两者均贵在一个"鲜"字；品茶时冲第一泡时有让茶叶"舒展"的功能，此举与品酒时的"醒酒"有异曲同工之效；茶与酒都有一种"涩"味，因为两者均含有"单宁"；两者均宜朋友相聚，品茶，品酒，品人生，皆为人生快事也！

2014 年 3 月 30 日

**补注**

茶与酒，都有讲究年代的传统。实际上，这种讲究不是必然的。不同的酒和茶对于存放年代的要求也不一样。所谓"明前茶"，即是春茶，讲究新鲜。它是微发酵的，不宜存放太久，不然会失其真味。但若是普洱，可以放很长的时间，放的时间越长，发酵越充分，茶多酚随之转化，茶汁也就相对不苦涩。现在我们所讲的"熟普"，就是为了模仿有一定年份的生普的口感，利用工业技术进行深度发酵的产品。在酒而言，每款酒都有一定的存放年龄，过早则放不开，过久又太老了。如果将陈酿的葡萄酒比作陈放的生普的话，那么 Beaujolais 就是以龙井茶为代表的春茶了。

## 🍇 中西酒的陈放

清明时节，返乡拜山。临别之夜，友人请品陈年茅台，果然香醇！问：红酒是否也是愈陈愈香？又是又不是。一般红酒，宜3、5年内喝，10年、8年已为老。而顶级红酒，则10年、8年尚为过早，最佳品饮期应在20至50年间。此外，还要看年份，年份好的可以陈年喝，年份差的则应早点喝。当然，也要看运输与储存，保存好的可以多陈几年，差的则应尽快喝掉。中西酒文化有许多相通之处，但也确实有诸多不同。

2014 年 4 月 8 日

## 🍇 情如佳酿

"爸爸，我从西班牙带回了一份手信给您。"我一看，是一份火腿与一块奶酪。"我知道，火腿与奶酪是搭配红酒的最佳食物，而西班牙的火腿与奶酪又是全世界最好的，所以我就……"贴心的小棉袄！未吃食物，未品红酒，我心已醉！

2014 年 4 月 11 日

# ❀ 白气泡酒的秘密

　　朋友相聚，欢声笑语；中法诗词，异情同趣。好的朋友，毋须多见，唯只有顶级美酒，才能与之相配。今晚，开了一支 2004 年的 Dom Pérignon、一支 2004 年的 Château Cantenac Brown、一支 2004 年的 Château Palmer，以及一支 2002 年的 Château Suduriant。Dom Pérignon 是香槟王。相传香槟酒是由一位名叫 Dom Pérignon 的僧侣发明的，他发现了"酿造白气泡酒的秘密"，这个"秘密"让葡萄酒变得香甜，富有仪式感。如今，香槟已渐渐成了吉祥之酒。Cantenac

Brown 与 Palmer 同属波尔多顶级酒庄三级庄。其中，Palmer 更是具备了雄雌共体的优秀特性，既雄浑又优雅，十分罕有。Suduriant 是 Sauternes 区的贵腐甜白葡，滴酒滴金。此酒清新甜蜜，丰满诱人，配与 Vincent 弟带来的 cheese cake，简直满口含香，长恨酒少！

2014 年 4 月 17 日

关于 Dom Pérignon 的趣事非常多，钟爱她的名人也非常多，其中就有玛丽莲·梦露。梦露也是一位香槟迷，她曾经说过："在睡觉前习惯喝一杯 Dom Pérignon。"当时著名的时尚杂志《Vogue》就曾想约梦露为 Chanel No.5 香水拍一组黑白写真。梦露开出的条件就是 3 瓶 1953 年的 Dom Pérignon。其后，《Vogue》想再约梦露拍一组时装写真，于是投其所好地又准备了一箱 Dom Pérignon。见此美酒，梦露也就慷慨答应了。

## 🍇 巧妙的续杯

朋友乔迁之喜，众人相约庆贺。新居君临天下，美景尽收！主人热情，客人齐心，于是乎，众多佳酿，任君选择：有香槟，有玫瑰，有红酒 ( 法国的，澳洲的，西班牙的…… )，还有甜酒 ( 德国的 )！今晚的酒颇多，也颇杂，大家都有了几分醉意。然醉翁之意不在酒，尽在情义中也。

酒多，杯少，怎样续饮，也成为了一个不大不小的问题。众人八仙过海，各显神通。自己认为，喝完旧酒，然后倒入小量新酒，以此洗杯，一方面既没有浪费任何美酒，另一方面又避免了用水洗杯所留下的水痕，当属最佳。

2014 年 4 月 24 日

# 情谊：岁月酿造的最好的酒

 谢"罪"宴

前次朋友相聚，一人重色轻友，临时放了鸽子。昨晚，她摆了一席谢罪宴，外加一场强劲的 Disco。诚意十足，众友满意。

席间，品了两款红酒：2006 年 St.Andrews, Taylors，及 1998 年 Château Batailley。前者产自澳洲，属新世界的酒；后者产自法国，属旧世界的酒。前者果味、果酸丰富；后者皮革、烟熏明显。前者热情奔放，充满活力；后者沉着稳重，韧劲持久。

红酒配热舞，新鲜又尽兴！

2014 年 4 月 29 日

 最喜爱的一款红酒

五一将到，这可是我们自己的节日，当然要举杯庆贺了！

今晚，开了一支 2004 年的 Château Pichon Baron。这是我最喜爱

的一款红酒，因为在某种程度上，她是我品鉴法国顶级红酒的启蒙老师。我在杂志上发表的第一篇文章就是《Pichon Baron 品酒记》。她，永远是那么的雄浑出众，一酒入口，丰富的单宁、澎湃的果香、浓郁的酒味、恰好的平衡、悠长的回味，简直令人相见恨晚、欲罢不能！

Pichon Baron，久违了！

2014 年 4 月 30 日

##  巴厘岛的随想

　　节日几天，与家人在巴厘岛。白天，晒着太阳，吹着海风，看着大海；晚上，观着星星，听着海涛，品着红酒。劳动人民有假放，确实感到很幸福。

　　天天对着大海，看着大海，听着大海，想着大海，已为大海的广阔、深邃、能量、魅力所深深折服！那一字排开的白雪浪花，一波接一波，一浪翻一浪，汹涌而至，夜以继日，分秒不停。据查，大海与地球一样，已有 45 亿年的历史。人类的几千年，人生的几十年，根本不能与之相提并论！与大海相比，我们，真的太渺小了！不禁想起了苏东坡的名词："大江东去，浪淘尽、千古风流人物。"大江已如此，何况大海？

2014 年 5 月 3 日

## 母亲节的思念

自古忠孝难两全！母亲节，却不能陪伴在母亲身边，深感内疚。临睡前开了一支 2003 年的 Château Rauzan Segla，举杯遥祝我的母亲节日快乐！此酒历史悠久，名列波尔多特等二级庄第一名。她犹如一位名门贵妇，优雅、高贵、温馨。然岁月无情，她也曾历经沧桑，几度沉浮。转折点是 1994 年，自著名的香水公司 Chanel 购入该酒庄后，她再次获得了重生。如今，她风韵犹存，风采依旧。品红酒，想母亲，感慨人生，思绪万千！

2014 年 5 月 11 日

Château Rauzan Segla 原名 Château Rauzan，1661 年，Rauzan 家族将之购入，并作为葡萄园。除了 Château Rauzan，当时的 Rauzan 家族还掌握着 Château Pichon Baron 和 Château Pichon Lalande。不过，随着时间流逝，Château Rauzan 也最终分裂成 Château Rauzan Segla 和 Château Rauzan-Gassies 两家酒庄。

后来，Château Rauzan Segla 因为设备陈旧，酿酒所用橡木桶将酒感染，品质由此降低。此后几经转手，于 1994 年被著名的时尚品牌香奈儿集团的 Wertheimer 家族购入，命运发生了剧烈的转变。有了大集团做靠山，Château Rauzan Segla 进行了大范围的整改，更新设备，严格把控品质。只有符合 Château Rauzan Segla 标准的酒才会冠以 Château Rauzan Segla 的标志，其他的酒则以副牌酒或散装酒的形式出售。自此，名声重振！

## 🍇 煮酒论英雄

应邀与几位金融界高手相聚，煮酒论英雄。最后，雅号为"东邪黄药师"的朋友胜出。其渊博的学识、高超的武艺，令众人服。

带上了两瓶 2002 年的 Château Lynch Bages。身为波尔多的特等五级庄，Lynch Bages 却有着三级庄，甚至二级庄的水准，历来甚受行家们的欣赏与推崇。其粤语译名"靓次伯"，即为香港著名粤剧红伶 (1905 年—1992 年)。他的武生唱工和工架，粤剧界公认是第一流的。他在《六国大封相》中的"坐车"工架，数十年来无人能及。"武生王"之誉实当之无愧。

今晚以此酒配众英雄，绝！

2014 年 5 月 20 日

# 🍇 99 分的 Margaux

整整一天的会议结束了！会谈顺利，皆大欢喜！晚上，光顾了一间城中最顶级的法国餐厅，开酒庆祝！

首先，开了一瓶香槟；然后，开了一瓶白葡萄酒；最后，开了几瓶红葡萄酒。最让我期待的是那一瓶 1996 年的 Château Margaux。My God ！这是全世界最顶级的红酒！当年胡锦涛主席访问法国时，参观了 Château Margaux，法国总统招待他的就是 1982 年的 Château Margaux。全世界最顶级的酒评家 Robert Parker 给 1982 年的 Margaux 评分高达 99 分，而我们今晚所品的 1996 年 Margaux 也是 99 分！由此可知她是多么的珍贵！

第一口，我没想到她的单宁还是那么的丰富，说明此酒虽已年长 18 岁，但才刚刚进入可饮的阶段。接着，随着时间的推移，她的香味、韵味才慢慢地、一丝丝地展现出来。她就像一位含蓄的少女，最后当她把自己最美丽的一面完全贡献出来时，我简直惊呆了：她是如此的优雅！如此的艳丽！看来，那么长时间的辛勤工作，换来一睹 Margaux 的迷人风采，确实值得！

2014 年 5 月 22 日

## M.Chapoutier 品酒会

　　昨晚，受好友邀请，参加了 Michel Chapoutier 的品酒会。Chapoutier 是法国 Rhône 产区最著名的三大家族之一，自 1989 年 Michel 掌管酒庄以来，成绩斐然，其产品深受 Robert Parker 等众多酒评家的推崇。

　　晚宴时，Michel 颇为健谈，妙语连珠。谈及红酒配中餐，他认为就如同人类的婚姻基因一样，越遥远的结合则效果会越好。谈及新、旧世界红酒的发展，他放言旧世界的红酒迟早会败下阵来，原因是一来旧世界的条条框框多，约束了自己的发展；二来旧世界的酿酒人多为家族遗传，许多人对此已没有了一种 Passion( 激情 )。有幸与 Michel 本人及其女儿同桌共饮，聆听酿酒背后的想法与理念，受益良多！

2014 年 5 月 27 日

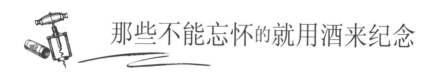

# 那些不能忘怀的就用酒来纪念

## 六一遇上端午

　　双节快乐！祝小朋友上下求索，祝老朋友童心未泯！先与纽约来的朋友共聚，后与将赴欧的朋友同欢。香槟、玫瑰、白葡、红酒……美酒无数，佳节难逢，人生几何？此时，不管是新西兰白葡的清新，还是法国香槟的甘醇；不管是布根地红酒的淡雅，还是隆河红酒的浓郁，都已无关紧要。重要的是，某年某月的某一天，我们在一起度过了六一及端午双节！

2014 年 6 月 1 日

## 🍇 红白双娇

周末，设家宴，请高朋。开了 1 瓶 2008 年 Joseph Faiveley，Meursault；1 瓶 2002 年 Château Ducru-Beaucalliou。

白葡萄酒，当首推布根地的产品。然布根地鱼目混珠，最易中招。一个简单而有效的方法是，认大牌子！Joseph Faiveley 是布根地最大的独立酒庄之一，信誉卓越，Robert Parker 曾说过："当今布根地品质可以凌驾 Faiveley 之上的酒庄，大概只有 DRC 及 Leroy 吧！"由此可见 Faiveley 酿酒的品质多受尊崇！

而红葡萄酒，我心仪的仍在波尔多。Ducru-Beaucaillou 是波尔多的超级二级庄，被人喻为 Saint-Julien 产区的 Lafite！该酒温柔细腻，芳香浓郁，优雅平衡，是不可多得的好酒。今晚我以此红白双娇招待好友，应不算失礼吧？

2014 年 6 月 6 日

补注

Joseph Faiveley 拥有 130 多公顷的葡萄园。因此，Joseph Faiveley 能做到酿酒所需葡萄有 85% 来源于自家的葡萄园。但从 1852 年酒庄创建时起，Joseph Faiveley 就有意识地控制葡萄的产量，以此提升葡萄的整体质量。为了保证质量，Joseph Faiveley 可谓不计成本。

Ducru-Beaucaillou 原是 Beychevelle 酒庄的一部分，17 世纪中后期才独立出来。因为酒庄里面有许多漂亮的小石头，因此取名为 Beaucaillou。但酒庄真正崛起是在 18 世纪末，Bertrand Ducru 接管酒庄。他的岳父是波尔多商会会长。此前，商会开会时大家都是喝白开水的，后来为了推广 Ducru-Beaucaillou，在开会时他给每人倒上一杯 Ducru-Beaucaillou。这样，Ducru-Beaucaillou 才逐渐被上层人士所喜爱。

##  世界上最爱我的那个人走了

痛失慈母，心中哀悼！

2014 年 6 月 10 日下午，您，走了！走得忽然，走得安详！享年 88 虚岁。

出生于湖南省新化县的一个书香门第之家，从小，您就得到了毕业于燕京大学的外公的悉心教育。

年轻时，为了追求真理与知识，您毅然逃婚，只身来到了广西桂林的德智中学求学。妈妈，我敬佩您的勇气！

后来，您曾受尽折磨与凌辱，却能傲骨依然，诚实做人。妈妈，我敬佩您的坚强！

自 1951 年始，您教书数十载，育人百千万。晏老师，我为您感到骄傲！

"自己的事情自己做"，您对孙子们的教诲，让他们终生受益。奶奶，我们衷心感谢您！

面对人生的最后阶段，您泰然处之，自得其乐。妈妈，我欣赏您对生命的豁达！

今天，您走了！来之自然，归之自然。虽然您已轻轻地走了，但您已化为了一道美丽的彩虹，永远地、永远地长驻在我的心中！

妈妈，祝您一路走好！

2014 年 6 月 16 日

 忘怀于山水

周末，驱车进山，抒情于大山，忘怀于山水。

喝了四瓶红酒。令人感到意外的是一瓶 2008 年意大利 Barolo 的 Marcarini。此酒入口很柔顺，舒服，没有意大利酒通常的浓烈，也没有其惯有的酸楚。这可能是得益于这一酒庄与众不同的酿造方法。该酒庄用旧的 4 至 8 吨的大型橡木桶来存酿，所以它既可以年轻饮用，也可陈放 15 至 20 年以上。

Marcarini，中文译为马佳连妮，她的庄园与她的名字一样美。庄园有一座建于 17 世纪、仿中世纪的古堡大庄园，经历了几百年的风风雨雨，依然保存完好。你可以在此鸟瞰欧洲最高山峰 Mount Blanc 和 Barolo 全景，所以马佳连妮整整几代传人在这世居，不舍离去。也因此，他们才能以代代相传的绝技，为世人奉献了一批又一批的葡萄佳酿。

2014 年 6 月 22 日

## 🍇 喝酒最好的搭配

周末在家，品红观球。世界杯开场至今，已高潮迭起，满地碎牙！该走的已打道回府，留下的当继续拼搏。这就是体育精神：输了就认，想赢就拼！

我开了一瓶白的 2008 年 Puligny- Montrachet，Domaine Leflaive，以及一瓶红的 Château La Mission Haut-Brion。后者是波尔多左岸 Graves 区的名庄，与特等一级庄 Château Haut Brion 齐名。几百年前，

她们是一家；几百年后，经过分分合合，她们现在又同属于 Dillon 家族。两大酒庄名声卓越，Dillon 家族拥有了她们，就犹如手握了"倚天剑"与"屠龙刀"，不可一世！

品着 La Mission Haut-Brion，看着运动员过关斩将，心潮澎湃！

2014 年 6 月 28 日

Château La Mission Haut-Brion 于 1682 年被莱斯托纳家族赠给了一个叫"Preachers of the Mission"的宗教组织，由此跟 Château Haut Brion 分离。这个宗教组织的名称是"肩负传教使命的传教者"。但这些传教者接受赠予后并没有因为传教而荒废葡萄园。相反，他们对葡萄酒怀有非常大的热情。在传教之余，他们也致力于种植优良的葡萄和酿制葡萄酒，这使得该酒庄的酒质得到了显著的提升。想必对他们而言，为世人酿制一桶佳酿，也如同将教会的理念传达至人们内心一样，能令人得到启发，获得现世的幸福。如今，Château La Mission Haut-Brion 仍然保留着当年这些神父祈祷修行的小教堂。

La Mission Haut-Brion 和 Château Haut Brion 虽然只有一路之隔，但两者的土质却并不一样，前者的土质更肥沃一些。正是这种土壤差异，即便如今同处 Dillon 家族的管理下，其酿制的葡萄酒风格也并不一致，而是各有特点。

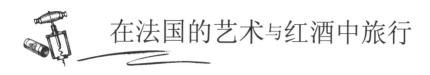

# 在法国的艺术与红酒中旅行

## 🍇 "大宝藏"罗浮宫

周六的清晨，飞机降落在了戴高乐机场。窗外，天空有点灰沉，细雨断断续续，飘飘扬扬。刚一到，又似乎品味到了那独特的法式忧愁。

到达巴黎的第一站，毫无悬念，直奔 Musée du Louvre。罗浮宫是人类艺术的大宝藏，百看不厌。我们的老朋友蒙娜丽莎仍在那里神秘地微笑着，维纳斯则继续舒展她那优美的裸体，胜利女神正在休息：今天不会客。在漫长的历史发展长河中，人类创造了辉煌的艺术，有些得以保存，有些得以弘扬，而有些却遭受了毁灭。欣赏着眼前的这些艺术珍品，脑海里却浮现出了战争与和平的永恒主题，感慨万千！

2014 年 7 月 5 日

蓬皮杜中心的"现代史"

继续在巴黎的艺术之旅。

昨天，参观了 Centre Pompidou。与罗浮宫专门收集古代及中世纪的名作不同，蓬皮杜中心专门收集了 1904 年以后的现代作品。比较欣赏，你会发现历史在发生着翻天覆地的变化！创作的主题已由原来的君王、神话、历史故事转化为了普遍人、平常事、自然景；绘画的技巧已由原来的四平八稳、凝重、唯美演变成了五光十色、线条、图案。一部艺术的发展史，就是一部人类的发展史！异曲同工，殊途同归。

2014 年 7 月 9 日

## 🍇 奥赛美术馆

继续在巴黎的艺术之旅。

昨天，参观了 Musée d'Orsay。奥赛美术馆主要收藏的是 1848 年至 1914 年间的作品，这也正好是罗浮宫与蓬皮杜艺术中心收藏品的中间地带。因此，在巴黎看艺术品，这三间博物馆是必到之处。

19 世纪前后，正是法国资产阶级革命爆发、英国工业革命兴起的大时代。这是人类历史上一个承上启下、蓬勃发展的大时代！与此相配，艺术上也是锐意创新，人才辈出。印象派、后印象派、野兽派、现代派、立体派、超现实主义等风起云涌，Manet、Monet、Renoir、Degas、Van Gogh、Gauguin、Cezanne、Sisley 等群雄逐鹿。能亲眼一睹这些大师们的真迹，真感荣幸！

Monet 曾说过："每个人讨论我的艺术时都佯装很懂，好像必须要懂一样。其实，你只要懂爱就可以了。"是的，我不懂，我的小孩子们也不懂，但只要能让他们对此感兴趣、懂得去爱，这就足矣！

2014 年 7 月 10 日

## 🍇 Beaune 和 Côte d'Or

　　昨天，继续在法国的深度之游，驱车到达了一个小镇。这里，一切的一切，都与葡萄酒有关。在这里，你可以看到全世界最美丽的葡萄园风光，可以品尝到全世界最美妙的葡萄酒。这里，就是布根地的著名小镇，布根地的心脏，Beaune。它不仅有着世界顶级的红、白葡萄酒，它还延续着15世纪的建筑风格。在这里，仿佛每一寸土地、每一块砖石，都讲述着自己的故事。

　　Beaune 葡萄园连绵不绝，酿酒历史源远流长。每逢 11 月第 3 个星期天，这里就会举办盛大的葡萄酒商会，世界各地的酒商和葡萄酒迷都会到这里参观，一饱口福。英国大文豪莎士比亚曾借《李尔王》之口说过一句名言："罗马帝国征服了法国，而 Beaune 却征服了罗马帝国。"小小的古城镇 Beaune 能获得如此赞誉，也可见其在葡萄酒世界的地位！

　　今天，参观了 Côte d'Or 众多的明星葡萄园，包括名声如雷贯耳的 Romanée-Conti。这是世界最顶级的葡萄园，据说这里的葡萄树平均树龄在 50 年，而它的起源可以追溯到 11 世纪。10 个世纪以来，它创造了无数的奇迹和神话。然而在这里，没有豪华的酒堡，没有张扬的广告，一切都那么的朴实，那么的低调。身临其境，心感震撼……

2014 年 7 月 13 日

## ❦ Clos de Vougeot

放眼望去，一片绿色，近处是平地，远处是山丘，除了葡萄树，还是葡萄树，连绵起伏，风景如画，极其秀丽！在当地导游的带领下，我们参观了一块又一块葡萄园，粒粒巨星，个个辉煌！由于早已在书本上认识她们，并且神交已久，故备感亲切！

当访问到 Clos de Vougeot 时，基于这是"葡萄酒骑士团"的总部，所以我可以戴上那只骑士特有的、可爱的金色小碗，大摇大摆地进去参观。虽然自己对布根地的葡萄酒认识仍非常有限，但此时此刻，心里还是油然生出一丝自豪的感觉。

参观的重头戏在于品酒。两天来，已不记得了多少款酒了！能与庄主面对面地聊聊天，听听他们如数家珍地介绍自己的各款名酒，感觉很愉快！当然，也因如此，整个人从早到晚都是醉醺醺的……

2014 年 7 月 14 日

157

在 Clos de Vougeot，流传着关于拿破仑的两个故事。据说，拿破仑东征时，曾派人来 Clos de Vougeot 索取庄园珍藏了 40 余年的酒王，然而庄主却丝毫不理会，让来人带了一句话回去："请皇帝自己来喝。"单凭这骨气就令人神往。还据说，拿破仑的部将有一次率领部队经过这里，下令让部队向酒庄敬礼。往后，法国陆军每次经过这里，都会向这片伟大的葡萄酒乡致敬。

Clos de Vougeot 的历史可以上溯到 12 世纪。1110 年，一支信奉"耕食苦修"的天主教西都派教会成员来到了这里，从 Vouge 河的沼泽地和森林中开垦出来一片土地，种上葡萄，并开始酿制葡萄酒。随后，这一小片土地逐渐被开垦出来，变成今日的 Clos de Vougeot。

## 🍇 艺术的天空和葡萄酒的海洋

驱车一路南下，广游 Provence 后，终于抵达 Nice。

普罗旺斯，大山大谷；尼斯，海洋天空。

这里，是色彩的世界：金色的阳光、绿色的树林、紫色的薰衣草、黄色的向日葵、蔚蓝色的天空、深蓝色的大海……

这里，是艺术家的摇篮：Arles 的凡·高、Aix-en-Provence 的塞尚、Cagnes-sur-Mer 的雷诺、Antibes 的毕加索、Nice 的马蒂斯……

这里，是玫瑰红的故乡：法国一半以上的 Rose，产于此，销于此。介于白葡萄酒与红葡萄酒之间的玫瑰红，颜色粉红、柔美，口感清新、爽口，甚宜在炎热季节喝，更宜在浪漫时分喝……

这就是法国——艺术、时尚；美酒、浪漫。令人神往，令人喜爱！

2014 年 7 月 19 日

159

# 有酒才能欢聚散

## 香槟与红酒

安全抵港。晚上一迎小师弟，二逢老朋友，三贺佳人生日，开了1瓶 Grand Cru 的香槟 Lallier；2瓶顶级红酒，1996年的 Cos D'Estournel 和 2004年的 Château Latour。香槟不但色彩迷人，而且气泡密集，香味十足；红酒当推 King of the Wine: Château Latour。醒酒两个半小时，入口恰到好处，口感平衡，一股暖流直抵丹田，浑身舒畅，真好酒也！配上 "The Life That I Have" 英文诗词，酒已醉人，人更自醉！

2014年7月21日

## 美人与红酒

两位美女同过生日，众人相贺，有送礼物的，有送鲜花的，有送蛋糕的……唯我一味本色——提酒助兴！

带了两瓶普罗旺斯的玫瑰红。此酒因其颜色淡淡的、浅浅的、粉粉的，犹如初开之玫瑰花，故得此名。以此酒给美女贺生，气氛相宜。

还带了两瓶2005年 Chateau Ferriere。此酒为波尔多特等三级庄，地处 Margaux，加上现任庄主为女性，故此酒不但香味诱人，且优雅平衡，甚宜女性品饮。果然，得到了两位寿星女的充分认可与喜爱。

再次祝贺两位美女：年年十八，岁岁如花！

2014 年 7 月 27 日

## 🍇 回味"香槟之夜"

前次邀几位好友共搞了一场"香槟之夜"，今晚组一"小局"，慰劳各位！

带了 1 瓶香槟：2004 年 Dom Pérignon。自 1927 年 Moet & Chandon 的少东迎娶 Mercier 的小姐并获取此商标后，Moet &Chandon 就一直把他们最高级的年份香槟命名为"Dom Pérignon"。果然色彩富贵，香气内敛，细珠连绵，口感优雅，真顶级香槟！

还带了 2 瓶红酒：2008 年 Echezeaux, Grand Cru, Nie Louis。这是我刚从法国带回来的好酒，正好与众人分享。Echezeaux 属占布根地 0.8% 产量的 33 款最高级别的红酒之一，酒体丰满，酒态飘逸，酒香迷人，酒色艳丽，极具典型之 Pinot Noir 风范。今晚都是爱酒之人，自然懂得欣赏。而能与志趣相投者共品佳酿，千杯不醉也！

2014 年 8 月 6 日

## 🍇 相聚飨美酒

姐姐来访，小师弟回国，老朋友相聚，特设家宴以飨佳客。A meal without wine is like a day without sunshine。此时此刻，又怎能没有美酒？遂开了 2 瓶新西兰的 Wither Hills 白葡萄酒，1 瓶法国 1995 年 Magnum 装的 Château Troplong Mondot 红葡萄酒，1 瓶加拿大 Peller Estates 的冰酒，众人尽兴！

Château Troplong Mondot，是波尔多右岸 Saint-Émilion 产区最重要的酒庄之一，历史悠久。1850 年由一位才学兼备，集法学家、艺术家、鉴赏家于一身的 Robet Troplong 先生接手，打下了今天庄园的良好基础。而现任庄主 Christine Valette 女士于 1985 年主掌酒庄之后，酒质节节上升，广获佳评。2006 年该酒庄被评为 Grand Cru Classé B( 顶级酒庄 B)，实至名归。此酒深红色泽，饱满丰富，且多重层次，温柔平和，加上 magnum 的大瓶培育，再加上 1995 年的优秀年份，果然表现突出，令人满意！

2014 年 8 月 16 日

# 🍇 意大利的顶级红酒

昨晚，前往朋友的酒窖消费，点了一支 1998 年的 Almaviva。这是法国一级名庄 Mouton Rothschild 与智利第一大酒庄 Concha Y Toro 合作的产品，人称"活灵魂"，原名取自于法国著名歌剧《费加洛婚礼》，是目前智利顶级红酒的最佳代表。其口感浓郁丰富，颇有波尔多名酒之风！

朋友听说我来了，赶回酒窖与我同饮。他开了 2 支他刚从欧洲收集回来的意大利名庄老酒。其中 1 支是 1969 年的 GAJA，45 岁了！朋友刚拿出来就很想知道她的状态，但如此好酒，不能太过猴急。首先观色，颜色是淡红淡红的，比较混沌，有不少酒渣，说明年龄确实大了；其次，嗅酒时，香气已很少、很弱，说明香味已经散了；最后，酒入口腔，却意外地令人舌头一紧，强烈的涩感及刺激的酸度，即时提醒了我们：她，虽年近半百，但风韵犹存，傲骨常在！ GAJA，不愧是大家闺秀，意大利的顶级红酒！

2014 年 8 月 22 日

补注

　　关于 Almaviva 的来源有一个故事。智利在酿造红葡萄酒上拥有优越
的条件，但这些条件并没有让智利人酿造出令人满意的、高贵的葡萄酒，
他们的酒始终被贴上"廉价"的标签。Concha Y Toro 不信这个邪。他相信，
智利的葡萄酒缺的不是条件，而是"灵魂"。于是 Concha Y Toro 邀请了
葡萄酒界大亨 Baron Philippe de Rothschild 共同打造出一款智利的名酒。两
人一拍即合，Almaviva 由此诞生，并受到了广泛欢迎，被誉为"智利酒王"。

## 白马与 Château Figeac

　　晚上，与银行界的朋友相聚，开了两
瓶 2003 年的 Château Figeac。该酒庄是波
尔多产区最古老的酒庄之一，自公元 2 世纪
起就已有记载，大名鼎鼎的 Château Chaval
Blanc（白马庄）就是从这里分割出去的！她
的酒质备受推崇，一直名列 St. Émilion 顶级
酒庄 B 的前茅，在全世界都有自己的粉丝。
品尝此酒，会欣赏到她那红宝石般的色彩，
美丽性感的香气，温顺轻柔的味道。对于平
时少品红酒的朋友来说，是难得的高雅舒适
之酒。果然，备受欢迎！

2014 年 8 月 27 日

补注

据说当时的高卢罗马人在此建立了村落，而 Figeac 这块地方则被开垦为葡萄园，最初就由 Figeac 家族所掌管。17 世纪，Château Figeac 转到了 Francois de Carle 家族名下，如今庄园的城堡就在此期间建造了起来，庄园一度达到 250 公顷。然而到了 19 世纪，Francois de Carle 家族开始衰落，Château Figeac 酒庄被不断割裂出售。Château Figeac 虽然历史悠久，酒质也优异，然其评级却一直只处于顶级酒庄 B，比不上从它分裂出去的白马酒庄。这不能不说是一种遗憾。

## 浪漫的女爵

周六，在家开了一瓶 1989 年的 Château Pichon Lalande。这一酒庄，有着诸多令人神往的东西：风华绝代的女庄主，激情浪漫的古传说，优雅高贵的酒质量。中文把她译为"碧尚女爵堡"，相当传神。而 25 岁，无论是美女还是红酒，均是风华正茂的最佳年龄！此时品尝她，我浑身上下毕恭毕敬。那艳丽的色彩、芬芳的气息、成熟的体韵、风情的回味，都让人口服心服。Pichon Lalande，不愧是波尔多的超级二级庄！

2014 年 8 月 30 日

## 🍇 布根地之夜

放假了! 约了几位朋友吃饭，喝酒，庆中秋!

今晚是布根地之夜，一白两红：2011 年 Corton Charlemagne，2008 年 Echezeaux，以及 2012 年 Clos de Vougeot。全是 Grand Cru，全是此次从布根地酒庄直购回来的好酒。因是"骑士团"会员，故对 Clos de Vougeot 特别关注：2012 年显然太年轻了，性格未定，放荡不羁；但其架构很好，底子很厚，如假以时日，相信必成大器!

品红，是一件非常个性化的事情："有一千个观众，就有一千个哈姆雷特。"我的观点是：自己喜欢的，就是最好的!

2014 年 9 月 6 日

Corton Charlemagne 是布根地白葡之尊，她的诞生跟查理大帝（Charlemagne，742 年—814 年，曾统一了大半个欧洲）有关。据说，查理大帝原来只喝红葡萄酒，然而他的白花花的胡须又长又粗，每次喝红葡萄酒都会弄得满胡须都是。他的妻子觉得他作为皇帝，这样实在有失体面，遂劝他改喝白葡萄酒。他的手下为了讨大帝喜欢，遂竭尽全力，终于酿造出了异常优秀的白葡萄酒 Corton Charlemagne。故事无论真假，Corton Charlemagne 借着这位伟大又粗鲁的查理大帝而闻名于世。

# 一年前我和明月有个约定

秋天真美，天高云淡，"晴空一鹤排云上，便引诗情到碧霄"。回想一年前，花好月圆之夜，一时兴趣所至，开始写微信。当时就与明月有约，来年重逢日，便是收笔时。

一年微信，绝大部分是品红随笔。品红，是我的业余爱好，更多的，是喜欢她背后的历史与文化；随笔，是因为所写全是即兴之笔，毫无准备，却又都是真情流露。品味红酒，更进一步，便是品味人生。至今，我仍向往李白"平明拂剑朝天去，薄暮垂鞭醉酒归"的生活！

今晚，请朋友来家欢度佳节，开了一瓶 2011 年 Batard-Montrachet，以及一瓶 1998 年 Château Haut-Brion。《三剑客》的作者大仲马说过：喝 Montrachet，必须"脱帽屈膝而饮"。而 Robert Parker 则说：如果人生只能再喝一瓶酒，他必选 1989 年的 Haut-Brion！

以此两酒迎中秋，聚朋友，辞微信，我心至诚。Cheers!

2014 年 9 月 9 日

# 辑五

## 乐行【好】品：把自己酿成一瓶酒

Robert Frost："我选择了人迹更少的一条小道，从此决定了我一生的道路。每个人的路都不同，因而每个人都好比一瓶酒，有着不同的滋味。或许正因人的路不同，对不同的"酒"的滋味也就有了不同的偏好。品红，品的也许就是自己。

# 怀念的就能得到回响

## 没有母亲的母亲节

今天，第一次过上没有母亲的母亲节，感慨万千！谁言寸草心，能报三春晖？也许是母亲心灵的召唤，我突然又有了动笔的冲动。也许，也许妈妈能在天堂上读到我的微信？

晚上，遂开了一瓶 2000 年的 Château Montrose。Montrose 是波尔多特等酒庄的二级庄，人称"超级二级庄"，其酒质、价格、名声都直逼一级庄。在所有大型的国际拍卖行举办的拍卖活动中，几乎都能看到她的踪影，是收藏家们钟爱的一款酒。

2000 年是波尔多最优秀的年份之一，在它之前的优秀年份屈指可数，只有 1982 年、1961 年、1945 年。15 年的 Montrose，约等于一位 18 岁到 20 岁的小伙子。此时喝，略早。但，也正因为如此，我们才能充分品尝到他那充满活力、阳光、刚劲的青春味道。果然，品后让人热血沸腾。

也以此酒，同祝我的夫人，两位孩子的母亲，也祝天下所有的母亲们，节日快乐！

2015 年 5 月 10 日

# 🍇 缅怀恩师

周末返家，开瓶庆祝 "端木正法学基金" 于 5 月 4 日正式成立！开了双红：2010 年 Fleur de Clinet，及 2000 年 Château Clinet。Fleur 是 Clinet 的副牌酒。正、副同品，也是一乐。

Château Clinet 是波尔多右岸 Pomerol 产区的历史名庄，曾与 Pétrus 同为 Arnaud 家族拥有。几经沉浮，现又迎来了酒庄的辉煌时期。1987 年，Château Clinet 被评为整个波尔多地区最好的两支酒之一（另一支是 Château Mouton Rothschild）；1989 年和 2009 年，又两次被 Robert Parker 评上 100 分满分。

今晚选她，不仅仅是因为其优异的酒质，更因为我欣赏该酒庄的一个管理理念："One foot in the past，One eye on the future.（一脚踏过去，一眼望未来。）" 这与我们创立基金的宗旨 "缅怀恩师，回报母校，扶持后人"，不正是有着异曲同工之妙吗？

2015 年 5 月 16 日

19 世纪，Château Clinet 曾与 Pétrus 同为 Arnaud 家族拥有，两个酒庄有着同样的酿酒理念，其工艺、技术也相仿，所以其品质和在市场的售价也几乎一致。20 世纪初，Audy 家族购入了 Château Clinet，并于 1985 年将其作为嫁妆赠送给了 Jean-Michel Arcaute。Arcaute 勤奋钻研，聘请了优秀的酿酒师 Michel Rolland，充分挖掘了 Château Clinet 的潜质，使得 Clinet 再次登上了 Pomerol 产区明星酒庄的行列。

知己、美酒和白日梦

##  好酒与好友

昨晚，与朋友相约，一人带一瓶好酒、一位好友，饭后品红。他带了一瓶法国隆河谷2007年的 Château Puech-Haut，我带了一瓶波尔多1996年的 Château Cos D'Estournel。后来，又有一位朋友带了一瓶意大利 Barbaresco 2003年的 Bricco Asili。五人三瓶，产地各异，口感不一。

隆河谷的酒永远是那样的浓郁，那样的厚重；意大利的酒却明显是这样的高酸，这样的高度；比较着品，才会体会到波尔多红酒的优雅与平衡。是的，波尔多红酒是我的至爱。关于 Cos D'Estournel，一个最经典的传说是：某一次，酒庄把酒发给中东的客户，酒在沙漠高温下游转了一圈退回到法国，非但没有变坏，反而更加成熟与香醇。自此，此酒一鸣惊人，成为了欧洲各皇室酒窖必备的佳酿。

酒逢知己，尽兴而散。"我醉欲眠卿且去，明朝有意抱琴来。"

2015年5月13日

Château Puech-Haut 是新晋的酒庄，2009 年被列为法国南部三大酒庄之一。庄主 Gerard Bru 是个极有故事的人，1996 年被教会授予骑士勋章；2004 年被评为"年度法国男人"。为什么他能获得如此赞誉？很大的原因是，他创立了世界 500 强公司阿尔斯通，为电器行业作出了巨大的贡献。40 岁的时候，他这辈子已经不用再为钱做任何奋斗了。

功成身退。Gerard Bru 最想做的是当一个种葡萄的农民。他很喜欢达·芬奇的一句话："在有人类欢乐的地方就有葡萄酒，他是人类欢乐的源泉。"所以他跋山涉水，四处寻找可以种出好葡萄的土壤，最后落脚在法国南部"阳光之城"蒙比利埃的东北方，他觉得这里是天赐给他的酿酒宝地。庄园城堡建在一个尽是鹅卵石的山坡之上，Gerard Bru 遂将庄园命名为"Château Puech-Haut"，中文意思即鹅卵石小坡。

Gerard Bru 还意外地在山坡上找到了一块有着 500 年历史的、被雕成羊头的石头，这造型就成了酒庄的标志。Gerard Bru 财大气粗，又善于经营，如今 Château Puech-Haut 已有 1000 公顷的葡萄园地。在 Gerard Bru 的领导下，Château Puech-Haut 声名渐起，已连续多年成为法国戛纳电影节晚宴的专用酒，并成为 2010 年上海世博会法国馆的官方指定用酒。

## 名酒赠佳人

朋友花样年华，喜结良缘，在海岛举办浪漫婚礼，美丽温馨。值此良辰，我特地挑了一瓶 1999 年的 Château Latour 赠送朋友，1999 年寓意长长久久。

Château Latour，法国顶级红酒。1855 年，当法国第一次举办世

博会时，根据拿破仑三世的指令，法国官方在波尔多地区评选出了共五级 61 家特等酒庄（Grand Cru Classé）。其中，一级庄只有 4 家：Château Lafite Rothchild, Château Latour, Château Margaux, Château Haut Brion。 而 Château Mouton Rothchild 由二级庄跃升为一级庄，已是 100 多年后的 1973 年了。

Latour 酒体宏大，酒质雄浑，酒力厚重，人称"King of Wines（红酒之皇）"。其寿命颇长，最佳进饮期应在 30 至 60 年之间，是一支很有收藏价值的大酒。谨以此酒，祝一对新人婚姻幸福，永结同心！

2015 年 5 月 24 日

 ## 葡萄酒和白日梦

周五下午，在家，酷热。开了一瓶白葡萄酒，配着 cheese，听着音乐，看着杂志，也是一乐！

王中军先生于去年 11 月在纽约 Sotheby's 拍卖会上，以近 6200 万美元成功竞投凡·高杰作《Still Life, Vase with Daises and Poppies》，名震四方！最近记者采访了这位中国商界巨子："收藏对于你的生活本身，意味着什么？"

王先生回答："假如有一样的财富，有些人愿意吃、喝、度假。有些人愿意买一架飞机，享受更高、更自由，在旅游、工作上更节省时间。

而有的人就愿意叼着一根雪茄看这张画发愣。"看看：有钱，就可以这么任性！

我等贫寒之士，没办法欣赏凡·高的原画，就只能喝着小酒发着白日梦。今天，喝的是 2013 年的 F. Thienpont。由法国波尔多著名的 Thienpont 家族（拥有 Pomerol 最著名的酒庄之一 Vieux Château Certan 的家族）酿造的长相思白葡萄酒：不酸，不甜，清新，爽口，确是降暑、催梦的美好良方。

2015 年 5 月 29 日

## 🍇 品红单上的常客

今晚，开了一瓶 1988 年的 Château Lagrange。记得多年前我开始学习品红时，读过一篇报道。记者问台湾一著名上市公司的董事长："为什么每次招待宾客都选用 Château Lagrange？"答："三个够：名气够大，质量够好，价格够实惠。"自此，该酒也成为了我品红单上的常客。

1988 年的 Château Lagrange 是一瓶 27 年的老酒，开瓶后略带沉闷，醒了 20 分钟左右，一丝丝的花香、青草味、橡木桶香才慢慢飘出。入口时，饱满丰富，单宁犹强，典型的波尔多名酒风格！

2015 年 6 月 5 日

补注

Château Lagrange 早在 19 世纪初，就步入辉煌时期，当时的年产量高达 12000 箱。1824 年，Duchatel 伯爵来到了梅多克，并开启了葡萄园的排水系统。这一举措大大促进了梅多克产区的葡萄酒产量和酒质，并让梅多克的酒庄开始取代 Graves 的酒庄。Château Lagrange 也是其中受益者，其产量也从 12000 箱一跃而达 30000 箱。1855 年，Château Lagrange 在巴黎的评级上位列三级酒庄，步入了第一个辉煌时期。

然，经济大萧条的来临几乎给酒庄带来了毁灭性的打击。虽然庄主竭尽全力避免破产，但酒质却急剧下降。随后，Château Lagrange 步入了漫长的低潮期，葡萄园也从将近 300 公项降至 157 公项。1983 年，日本三得利饮料集团跟法国政府几番斗智斗勇，最终以一千万美元成功收购了 Château Lagrange。这是亚洲人第一次成功购入特等酒庄，此事也引起了法国葡萄酒界和文化界的剧烈震动。没有人曾想过，亚洲人能做到这点，更没有人能想象，Château Lagrange 会有什么样的前景。

但出乎人们意料之外，三得利对酒庄投入了大量资金进行重整，酒质也逐渐恢复，甚至能达到二级庄的水准。Château Lagrange 如今年产量达 300000 瓶，销往世界各国，当然重点在日本。日本著名漫画《神之水滴》对此酒也极力追捧，它写道："（Château Lagrange）充满野心，利用年轻的力量，改变世界葡萄酒势力范围的时代已经来临。"

# Château Léoville Poyfereé

　　早上，与朋友共进早餐。席间，言及她的一位好友。他今年 52 岁，却不幸英年早逝，空留下 20 亿美元的遗产。人生无常，怪不得连诗仙李白都早劝世人："人生得意须尽欢，莫使金樽空对月！"

　　晚上，开了一瓶 1999 年的 Château Léoville Poyfereé。与昨天的 Château Lagrange 一样，此酒来自于法国波尔多左岸的 Saint-Julien 产区。该产区没有特等酒庄的一级庄，也没有五级庄，却有众多的二级庄、三级庄和四级庄，因此普遍水准很高。行内有一句话：假如你不懂酒，那就选一支 Saint-Julien 的吧！

　　Poyfereé 是特等酒庄二级庄，而 Lagrange 是三级庄。比较着品，才会明白 "山外青山楼外楼" 的道理。红酒如此，人生又何尝不是如此呢？

2015 年 6 月 6 日

177

# 父与子、兄与妹

## 祝贺儿子毕业

今晚，虽然回到家时已是 9 点，但我还是开了一瓶好酒，因为我的儿子初中毕业了！只有做过父母的人才会明白：教育子女，特别是儿子，是一件多么充满挑战、艰辛，而又快乐的事情！

开的是一瓶 1999 年的 Château Léoville Barton。历史悠久，质量卓越，超级二级庄，这些都是我钟爱此酒的原因，但更为重要的是，我敬重该庄老庄主的人品。Barton 是波尔多众多名庄中定价最为合理的一家，因为老庄主 Anthony Barton 认为：葡萄酒是用来给人享受的，而不应沦为一种投资工具。在今天如此商业化的世界里，难得老庄主仍有这样的信念与执着！所以每次当我品着此酒时，心中都浮起阵阵的敬意。

以此酒，祝贺儿子！ Boy, I am proud of you！

2015 年 6 月 12 日

# 🍇 红酒中的兄妹们

周末，是家庭日，也是与友相聚的好时光。中午，请一对英国夫妇品尝了地道的香港小点心。晚上，则请了好友来家品红。

一白两红，重点是一瓶 1999 年的 Château Léoville Las Cases。此酒中文译为"狮子庄"，是公认的最有资格从目前 14 家波尔多特等酒庄二级庄中晋升为一级庄的。Léoville Las Cases 与 Léoville Barton 及 Léoville Poyfereé 同出一门，素有大哥、二哥与小妹之称。我近期专门买了同一年份 1999 年的三款酒，比较着品，印象深刻。感觉上，小妹温顺、优雅；二哥敦厚、强壮；大哥威武、高贵。

然，红酒虽好，与友欢聚才是真正的目的。

2015 年 6 月 13 日

**补注**

这三个酒庄实则都源于 17 世纪的波尔多名庄 Léoville 庄园。庄主 Blaise de Gascq 是波尔多议会会长。不过 1769 年，Blaise de Gascq 去世。因为他并没有子嗣，所以庄园就由家族的四位成员共同继承。1820 年，英国移民而来的 Hugh Barton 购入了 Léoville 的四分之一，并将这一部分取名为 Léoville Barton。Barton 家族极为注重葡萄酒的传统，因而在此后一代传一代，始终致力经营酒庄，使之于 1855 年被评为二级名庄。

Léoville 剩下的四分之三庄园又于 1840 年正式分裂为 Léoville Las Cases 和 Château Léoville Poyfereé，这两家酒庄也于 1855 年被列入二级名庄中。Léoville Las Cases 更被认为是"超二级庄"。著名的酒评人 Robert Parker 则直接把它列入一级庄，认为它的酒质与五大名庄持平。

 ## 端午"大龙船"

今晚，开了一瓶 2007 年的 Château Beychevelle。此酒中文译为"大龙船"。众人在江河上赛龙舟，我在肚子里撑龙船，无他，应节也！

Château Beychevelle 是法国波尔多特等酒庄的四级庄，历史悠久，传说浪漫，质量稳定，性价比高，是行内人喜爱的一款酒。而 2007 年是波尔多近十几年来最弱的一个年份，故此年份的酒不能久藏，宜早喝。

品红酒，过端午，悼先贤。在此，愿以屈原的一句名诗自勉："路漫漫其修远兮，吾将上下而求索。"

2015 年 6 月 20 日

##  父亲节

父亲节。

回首往事，一生中最大的遗憾就是：父亲走得太早。没有来得及享受几天儿子的清福，更没有来得及看上一眼他盼望已久的小孙子。然，父亲正直、诚实、善良、勤劳的美好品德，从小至今，都深深地、深深地影响着我。

爸爸！

如今，我也已成为人父。作为一名父亲，我的亲身感受是：人生中最大的快乐，莫过于看到自己的孩子一天一天地健康成长！

今天，夫人吩咐，开了一瓶 Château Palmer。这是我另一款最喜爱的酒。一瓶法国名酒却被冠以一位英国将军之名，这本身就充满了传奇。而在日本出版的《神之水滴》一书中，把此酒与罗浮宫的镇宫之宝《蒙娜丽莎》相提并论，由此可见 Château Palmer 的江湖地位！

以此酒给我贺节，加上孩子一个甜甜的 kiss，我，心满意足！

2015 年 6 月 21 日

181

# 红酒就是人生

##  以酒会友

红酒俱乐部再次活动，高手云集，反应热烈。

活动宗旨：以酒会友。

规矩：男士带酒，女士豁免，品到所带之酒时各自需略作介绍。

我带的是 2 瓶 Château La Mission Haut Brion。这是波尔多左岸 Graves 产区的历史名庄酿制的。宗教界及葡萄酒界都流传着这么一句名言："如果上天不允许饮酒，又何必生产如此佳酿？"

此处，佳酿指的就是 La Mission Haut Brion。

在近期股市呈现一片绿色之时，众人相聚品红，似乎另有含意。果然，很快话题就转到了股市身上。余兄用子平神算给大家推算了 A 股市场，令人耳目一新，信心满满。

以红酒预祝股市开门一片红！

2015 年 7 月 3 日

## 🍇 老板请客

　　老板请客，巧遇今年首个8号台风！航班刮走了，饭局仍不变，足见诚信！如此晚宴，又怎能少得了美酒佳酿？香槟、白葡、红酒，瓶瓶精彩！压轴的是两瓶波尔多红酒：1982年 Château Mouton Rothschild 及 1982年 Château Latour。两者都产自一级名庄，都出自最优秀的年份，都是100分满分酒！

　　顶级佳酿的背后，有着太多的故事。以 Mouton 为例，我喜欢她"五箭家族"的传说，喜欢老三一局定江山的智慧，喜欢她与艺术的完美结合，喜欢她"Premier je suis, second je fus, Mouton ne change"的傲骨，喜欢1973年毕加索《酒神祭》的酒标，喜欢……啊，美酒就犹如美女，让人喜欢的地方太多了！

2015年7月10日

补注

Mouton 的历任庄主中，Philippe de Rothschild 值得大书特书。他掌管 Mouton 六十年，却几乎从没有为葡萄树剪过枝、采摘过葡萄或者是酿酒，但是他痴迷于艺术，做了几件非常有意思的事，这些事让 Mouton 成为了最有艺术感的酒庄。

1945 年，法西斯战败，为了庆祝二战胜利，Philippe 邀请了一位年轻的艺术家为酒庄设计当年的酒标，这就是后来的"V"字胜利酒标。此后，每年他都会请一位非常了不起的艺术家为酒庄设计酒标。如今 Mouton 酿酒室已经变成了画廊，这里摆放的每一个酒标都是一件艺术品，而每一年的酒标都成了热门的收藏品。

1962 年，他又突发奇想，在酒庄里建了一个博物馆。博物馆里陈列并展示了他从世界各国搜罗而来的艺术品。开幕仪式时，他还把文化部部长请过来当主持人。据说这里的藏品需要符合三个条件：它是美丽的；它是独一无二或者是极罕见的；它是与葡萄酒或者酒有关的。他极富有艺术思维，曾翻译过诗集，写过剧本，甚至想入选法兰西文学院。

他也是极具个性的。他本人就是 1855 年分级制度的批评者之一，Mouton 也位列评级的二级酒庄第一名。然，这位庄主对此排名极为不满，他竭力抨击这份名单的不公平和不合理。实际上，他只是不甘心。他认为 Mouton 应该有更高的排名，他高呼："Premier ne puis, second ne daigne, Mouton suis. （我不能第一，我不屑第二，Mouton 就是 Mouton。）"

在他的游说、"声讨"之下，1973 年，Château Mouton Rothschild 被官方破例地列入了一级酒庄。这下他高兴了，骄傲地对别人说："我是第一，我曾是第二，Mouton 永远不变（Premier je suis, Second je fus, Mouton ne change)。"

## 🍇 红酒即人生

昨天下午，在机场候机时，读到了一位朋友的文章。她在前不久荣获"左岸名庄骑士荣誉会员"的称号，在接受记者采访时说："（我）觉得红酒非常神奇，每一瓶都有故事，每一款都有自己的文化，可能开始你只懂得一点，到你饮多了，有感觉了，你发现红酒其实就是人生，是一种境界。"

深有同感！

晚上，开了一瓶 1999 年 Château L'Eglise-Clinet。这是一款波尔多右岸 Pomerol 区的名庄酒。该产区虽然细小，甚至没有评级制度，但却是波尔多的一颗明珠，光彩夺目！大名鼎鼎的有 Pétrus，Le Pin，Lafleur，L'Évangile，Vieux Château Certan，Clinet……而 L'Eglise-Clinet 虽然产量很少，每年平均只有 1000 多箱，市场流量有限，但她却以酒体丰满、和谐平衡广受称赞。正如一位香港酒评家在他的书中所言："肯定的是，L'Eglise-Clinet 属于当今最优秀的波美侯葡萄酒之一"。

Cheers！为了好酒，也为了人生！

2015 年 7 月 18 日

## 补注

据说 Château L'Eglise-Clinet 起源于由 Rouchut 掌管的 Château Clos L'Eglise。后来 Rouchut 家族和掌管 Château Clinet 的 Constant 家族联姻，两家一拍即合，合作酿酒。当时酿制的酒都以 Château Clos L'Eglise 的名义出售。直到后来，Château Clos L'Eglise 葡萄园分裂为 Château Clos L'Eglise 和 Château Clos L'Eglise-Clinet。后者即今日的 Château L'Eglise-Clinet 的前身。

该酒庄一直以来只生产正牌酒，加上数量少，品质得到肯定。2012 年，在整个波尔多，唯一一款获得 Parker100 分评分的好酒就是她!

 ## 读书与品红

周末，下雨，在家。一边品红，一边静静地读完了一本书：《心若菩提》。

这是中国汽车玻璃大王曹德旺先生写的自传。由于曾在一上市的

玻璃集团任过独董，我对此行业不算陌生，我感兴趣的是曹先生的成功之道。

果然，收获颇丰。举书中一例：1993 年福耀玻璃在上交所上市后，曹先生身价暴涨，但随之，他却陷入了苦恼的困惑之中：下一步，公司将何去何从？他四处请教，香港专业人士直率批评："你这个是垃圾股！要是投资者喜欢玻璃就会投资玻璃，要是喜欢房地产的话就会投资房地产，可是你小小的公司什么都做，谁敢买你们的股票？"美国管理大师书中分析："当你进入一个边远只有几十户人家居住的小山村时，你会发现这里仅有一个便利商店，商店里货品一应俱全……如果你再回到纽约，回到现代文明的大都市，漫步在纽约曼哈顿大街，你能看到的商店几乎都是世界大公司品牌专卖店……现代企业必须走专业化的道路，必须专业化的经营，才能做强，才能做大。"几经反省与调研，曹先生终于把定了方向：玻璃，只做汽车玻璃。

因此，中国现在多了一位成功的企业家及慈善家……

一本好书，犹胜一瓶佳酿。

2015 年 7 月 26 日

## 初到台北

中国台湾，台北。

人虽初次来，心早已牵挂。一道海峡，就把一个国家活生生地切成两块！每念于此，心中就隐隐作痛！

第一站，直奔台北故宫博物院。1948年底，国共决战，蒋介石已料到来日不多，故下令把北平故宫博物馆约60万件精品文物全部押运到台湾。因此，今日台湾之故宫博物院，乃为全球首屈一指的华夏文物典藏重镇！

果然，名不虚传。看到了举世闻名的毛公鼎、翠玉白菜、范宽《溪山行旅图》……真是眼界大开，知识大增！身为中国人，我为8000年的华夏文明而感到无比的自豪与骄傲！

不禁想起了余光中的一首《乡愁》诗："小时候，乡愁是一枚小小的邮票，我在这头，母亲在那头……而现在，乡愁是一湾浅浅的海峡，我在这头，大陆在那头。"

2015年8月1日

##  中国室外歌舞剧

8月8日，上仙女山。

孩子们从小就周游列国，听惯了欧美式的室内音乐剧；今天，要给他们补上一课——看看中国式的室外歌舞剧。印象武隆，一场在大山大谷中进行的表演：以大地为舞台，以高山为布景，以天空为衬托，多角度、多层次、多方位地向人们述说了长江纤夫千年的兴衰起伏，喜乐悲哀。幽静的山谷里回荡起了已成绝唱的川江号子，场面宏大，气势磅礴，震撼人心！孩子们观后均感耳目一新，极度喜欢！

喜欢就好！你们喜欢，我便安好。此时，就好比品到了一瓶法国顶级佳酿，陶醉异常！

2015 年 8 月 9 日

 ## 难忘的 Clos de la Roche

上周曾约三五好友相聚，品到了一瓶好酒，至今难忘，特补上一笔。这是一瓶布根地 2008 年的 Clos de la Roche，Grand Cru，Albert Bichot。品布根地的红酒比品波尔多的红酒更具挑战性，是因为我们不但要认识产区、酒庄、级别、年份、葡萄，更为重要的是，还要认识产家！一个不小心，同一牌子而不同产家的酒，质量可能相差十万八千里！

Albert Bichot 是布根地一家历史最为悠久、规模最为巨大的家族酒庄。由她生产的特级酒，质量有保障。果然，酒入喉舌，舒畅柔顺。能把一款葡萄酒酿造得如此精致，这世上恐怕也就只有布根地的这些名庄们能做到了。品尝此酒，就犹如受到一位温柔体贴、善解人意的女孩子的呵护与照顾。这种情意绵绵的感觉，真让人欲罢不能！

2015 年 8 月 15 日

补注

　　Albert Bichot 创建于 1831 年，最初的时候只有几公顷的葡萄园，后来在一战和经济大萧条中，Albert Bichot 家族目光如炬，在别人不断抛售的时候，不断地购入和兼并周围的葡萄园，最终拥有了近 100 公顷的葡萄园。这在布根地，简直如同一个葡萄园帝国。

## 好友相聚

　　飞机晚点，回到家，菜已上桌，酒已醒好，朋友已在等待……那就赶紧喝吧！朋友客气，带来了一白一红：2006 年 Chablis Grand Cru，Domaine Dauvissat-Camus，及 1995 年 Le Pavilion Ermitage， M.Chapoutier。前者为布根地最有名气白葡之四个等级中的最高级，著名酒评家 Robert Parker 评了 96 分；后者为隆河产区大名鼎鼎的 Chapoutier 家族生产的最高级别的红酒，Parker 给了 99 分。品前者，不但清新爽口，而且平衡甚佳，层次丰富；品后者，不但浓郁香醇，而且强壮厚重，变化无穷！手握酒杯，开怀畅谈；海阔天空，千杯不醉！

2015 年 8 月 24 日

# 美好的伦敦行

 ## 艺术之都

Covent Garden！

每次来伦敦，这是孩子们必到的地方之一。英国街头艺人们的精湛表演，让孩子们在此留下了串串的欢笑和美好的回忆！

伦敦不愧是艺术之都：The British Museum（大英博物馆）为世界上历史最悠久的博物馆之一，多达 700 多万件的艺术珍品真让人目不暇接。Tate Modern（泰特现代艺术馆）开幕只有短短的 15 年，现已与纽约的现代美术馆及巴黎的蓬皮杜中心齐名。伦敦的音乐剧品种之多、质量之高，享誉全球。而我自己认为，除了那些高大上的东西，伦敦的街头艺术也值得一赞！正是由于类似 Covent Garden 这类的民间表演盛行，民间的艺术风气浓郁、基础扎实，才真正成就了伦敦这一伟大的艺术之都！

2015 年 8 月 29 日

# 🍇 乡间周末

这数日，承蒙一对热情而友好的英国夫妇邀请，我们全家得以在他们的乡间别墅度过了一个愉快的周末。英国的乡村，宁静、祥和。这里有着古朴典雅的房子、郁郁葱葱的树木、广阔平坦的田野、湛蓝清澈的天空……来到这一空间，仿佛时间已停止了运行。

主人家热情周到，甫一抵达，就开了一瓶 Prosecco 迎接我们。这是一款意大利产的香槟，淡雅，略甜，老少皆宜，据说是目前在英国最受欢迎的香槟之一。正餐开的是一瓶法国隆河的 Cellier de Monterail。第二天晚上，当我们在外面的餐厅吃饭时，点的也是一瓶 Prosecco，以及一瓶法国布根地的 Château de Belleverne，Saint-Amour。

英国本身不产葡萄酒，却是一个葡萄酒的消费大国，此说名不虚传。我们两晚喝的都只是中价红酒，但酒质均甚佳，说明他们的消费观念成熟，不会盲目追求名牌。此外，他们似乎更钟爱于法国、意大利这些旧世界的葡萄酒，这也从一个侧面反映了英国人喜欢怀旧、坚守传统的性格。

2015 年 8 月 31 日

# 🍇 Waddesdon Manor 庄园

出外旅游，总有惊喜！Oxford 已来过多次，但直至本次，才得知离其不远处，有一著名庄园 Waddesdon Manor，原属大名鼎鼎的 Rothschild 家族拥有，后由其家族把她捐赠给国家，现外人可进入参观，值得一游。

驱车前往，甫进庄园，即大吃一惊：大得超乎想象！停车场已有几个足球场大，停好车，还需坐十几分钟的巴士，才能到达庄园的古堡。美丽的古堡让我想起了法国的凡尔赛宫，其外型，其花园，其喷水池，让人叹为观止！古堡内艺术品价值连城，油画、挂毯、陶瓷……让人目不暇接！游走在这一英式庄园，我脑海里浮现出了一个中国成语：富可敌国。

离开庄园之前，当然要去看看她的酒窖。别忘了，这可是拥有 Château Mouton Rothschild 以及 Château Lafite Rothschild 的家族啊！果然，珍藏无数。既然如此有缘，总不至于望梅止渴、空手而归吧？

2015 年 9 月 7 日

# 人生的惊和喜

##  压惊的 Château Latour

家人平安无恙，公司捷报传来，此时不开酒，更待何时？

家庭与事业，孰轻孰重？怎样平衡？相信这是我们当代人都必遇的考题。没有捷径，亦没有现成答案，唯边做边学，以心待之。

开的是一瓶 2004 年的 Château Latour。近日读中国台湾刘永智先生所著《顶级酒庄传奇》一书，作者对此酒有着十分到位的评价："拉图堡以其色深浓酽、浑厚深沉、架构宽大、内里扎实及余韵悠长引人，更以酒质稳定，耐久经放而让人臣服；一如酒标上雄狮端踞，傲视万方……"开此酒，是因为唯有此酒才能配得上我此时之心情。虚惊一场，心中大快，干！

2015 年 9 月 18 日

## 🍇 秋思落在杯中

今夜月明人尽望，不知秋思落谁家？朋
友请在园博园吃饭。品红，赏月，高朋满座，
欢声笑语！我带了一瓶 1998 年的 Château
Gruaud Larose，产自法国波尔多的特等二级
庄。该酒庄历史悠久，名声显赫，历史上曾
有"King of wines，wine of Kings"之称，深
受当时欧洲各大皇室的欢迎！今晚以此酒会
见各位新老朋友，大家同贺中秋，共思婵娟。

2015 年 9 月 27 日

## 🍇 布吉岛的沙滩

中秋节刚过，国庆节
又至，光阴似箭。

国庆，举国同庆！听
到了大海的呼唤，于是飞
来了布吉岛。躺在沙滩上，
晒晒太阳，吹吹海风，看
一两本书，喝几口香槟，
宁静的时光让人留恋。

度假怎能无红？今晚，开了一支 1999 年的 Domaine de Chevalier。骑士庄同时生产红、白葡萄酒，因其白葡名声更大，所以当人们谈论起该酒庄时，往往会首先想到她的白葡；其实，她的红酒同样出色，是 Graves 产区的特等酒庄，与 Haut-Brion、La Mission-Haut-Brion、Pape-Clement 等名庄齐名，绝对不容小觑！

举杯——祖国万岁！

2015 年 10 月 1 日

补注

Domaine de Chevalier 位于波尔多左岸格拉夫的 Pessac-Leognan 的僻静森林处。这片地方此前被称为 Chibaley，据说也曾种植葡萄。但当时这里所酿制的葡萄酒并不被市场认可，有人甚至认为它单调，没有魅力。在 19 世纪初，这里的葡萄被连根拔起，改种了松树。就差一点，这块土地就跟葡萄酒再也无缘了。庆幸的是，1865 年，Jean Ricard 买下了这块庄园，并恢复了它的传统。在几代人努力下，骑士庄终于成为了当地的名庄之一。葡萄酒大师 David Peppercorn 曾认为 Domaine de Chevalier 是格拉夫最为著名的三个酒庄之一。而 Robert Packer 则评价 Domaine de Chevalier 为"真正葡萄酒鉴赏家的葡萄酒"。

##  以军礼致敬的葡萄园

春有百花秋有月，夏有凉风冬有雪。

一年四季，美景常在。周日，天爽，与朋友一起登山，观美，赏花。

晚上，开了一瓶 2006 年的 Clos-De-Vougeot，Grand Cru，Albert Bichot。Clos-De-Vougeot 是布根地最优秀的产区及酒庄之一，其具有近千年历史的古堡是布根地的一个地标，凡游人来访必到此一游。更为人们津津乐道的是，自拿破仑大军开创经过此庄须行军礼致敬的先例以来，这里至今仍是唯一法国军队经过必行军礼的葡萄酒庄园！

其酒散发出淡淡的紫罗兰幽香，性感诱人；颜色鲜红鲜红的，光彩夺目；味道初时不羁，继而优雅，就像一位调皮的小公主，惹人喜爱！

酒品半醉，花赏半开。美，就在身边！

2015 年 10 月 11 日

## 庆生 party

朋友们热心张罗，精心准备了一场庆生 party：民国风情，怀旧情怀；诗词，歌曲，舞蹈……好一个尽兴！

有香槟、白葡萄酒与红葡萄酒。红酒有两款：Château Beychevelle 和 Château Smith Haut Lafitte。两者均产自波尔多左岸，前者位于上半部的 Médoc 区，后者位于下半部的 Graves 区。两者均为历史名庄，分别是各自产区的 Grand Cru Classé（特等酒庄）。更为巧合的是，两者的酒标都非常独特：前者船帆半降，传说浪漫；后者皇冠倒挂，出身不凡！

一首《The Road Not Taken》把我的思绪引向了青春时期的辉煌岁月。大学毕业前夕，我正好读到了 Robert Frost 的这首诗，它启发了我对人生道路选择的深层次思考。于是，"I took the one less traveled by，and that has made all the difference（我选择了人迹更少的一条，从此决定了我一生的道路）"。

走过的路，无悔；未来的路，相信更加精彩！

2015 年 10 月 20 日

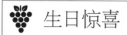 生日惊喜

今晚，有酒，但不说酒。

说的是员工们的一番深情厚意！下午风尘仆仆从外地出差回来，赶赴两个星期前秘书已安排好的一个饭局。谁知甫一进场，即响起 Happy Birthday 的歌声，瞬间，公司全体员工手捧鲜花、气球从各个方向涌进来……我顿感诧异，惊喜！

回想过去的一年多，国内经济下滑，营商环境压力加大，工作任务倍增。为此，我也给予公司员工诸多的压力与要求。而此时，员工们不但只记得我的好，还自费精心筹备了一场 Birthday Party 给我，确实令我感动！

作为公司的老大，我常想：自己能为员工们做点什么？最近读了冯仑先生的一篇文章《人生最恐惧的是没有方向》，他说："什么最恐惧呢？不是没有钱的时候，不是没有水的时候，也不是没有车的时候，最恐惧的时候，实际上是没有方向的时候。当你有了方向了，其实所有的困难都不是困难。"人生如此，办公司也应如此！因此，能为公司的发展找到正确的方向，我想：这或许是我能为员工们所做的最大的事情吧？

再次谢谢各位员工！我爱你们！

2015 年 10 月 23 日

## 🍇 郊游随想

周末在港，风和日丽，又是登山好时光！

约了几位校友，直奔大揽郊野公园。行走三个多小时，览尽秋色美景，换得心旷神怡！众人皆知中国香港楼价昂贵，寸土寸金；但许多人不知道香港有 40% 的土地面积是郊野公园！是的，香港有许多郊野公园，郁郁葱葱，原生态都保护得相当好；郊野公园内的登山小径，修理得整整齐齐，男女老少行走均宜。这是香港人对大自然的尊敬、爱戴与保护，此点确实值得内地人学习！

运动后最宜品红，一是可消除疲劳，二是此时吸收最佳。今晚开的是一瓶 2000 年的 Chateau d'Armailhac，这是最近在英国参观 Waddesdon Manor 庄园时购买的，是名庄 Chateau Mouton Rothschild 的近亲。年份优秀，质量甚佳，口感一流……生活就是如此简单！

2015 年 11 月 1 日

# 🍇 Dali 艺术展

上海同时举办两场关于 Dali 的艺术大展，值得专程飞来观赏。

达利（Salvador Dali, 1904 年—1989 年），西班牙籍，因其超现实主义而闻名于世，与马蒂斯及毕加索一起被公认为是 20 世纪三大最具代表性的画家。

观赏 Dali 的真品，会被他那丰富的想象力及无穷的创造力深深折服！除了我们这一已知的世界，难道真有一个梦幻的世界，未知的世界？除了我们这一已存的时空，难道真有一个五维的时空，无尽的时空？ Dali 的艺术品带给人们的是视觉的冲击，观念的颠覆，心灵的震撼！

晚上，吃着西班牙美食，品着西班牙红酒，心里充满着对这位西班牙艺术大师的无限敬意……

2015 年 11 月 7 日

# 酒标的故事

## 深情的单公仔

咳嗽两周，滴酒不沾。酒虽不能品，但仍可以评。有时，纸上谈谈兵，也能自娱自乐。

说说前不久品过的 Château d'Armailhac。此酒是波尔多特等酒庄的五级庄，特别之处是早在 1933 年，她就已被其邻居、大名鼎鼎的一级庄 Château Mouton Rothschild 收编旗下。因此，对行家而言，这是一瓶可以加分的美酒。

我自己呢，则特别喜欢她的酒标故事：不是目前这一"单公仔"酒标，而是历史上曾经出现过的另一款酒标。

1956 年，当时的主人 Baron Philippe de Rothschild 男爵用自己的名字把酒庄命名为 Château Mouton Baron Philippe，相应的酒标是一

对幸福的狮身人头兽。1976 年，为悼念已去世的夫人，男爵把酒庄名字改为 Château Mouton Baronne Philippe。而此时的酒标则变成了只有一只狮身人头兽，孤孤单单，凄美动人！此后直至 1989 年，接班的女儿 Philippine 把酒庄名字复原，酒标才再次发生了变化。

时光已随风而去，历史已被翻至另一页。然，男爵先生对夫人的一片深情，以及那凄美动人的狮身人头兽酒标，却一直深深地留在了我的脑海里……

2015 年 11 月 20 日

## 🍇 细腻的双公仔

既然上一次说到了"单公仔"Château d'Armailhac，自然就要说说她的姐妹庄"双公仔"Château Clerc-Milon。两庄都是波尔多特等酒庄五级庄，都地处 Pauillac 产区，且都与一级庄 Château Mouton Rothschild 为邻，都先后被财大气粗的 Mouton 收编到了旗下。

单、双公仔的酒标实为一对珠宝设计，为德国名匠所创，后被 Mouton 主人购买，并将其分别用到了两个酒庄的酒标上。现在，这两件艺术品均存放在举世闻名的 Mouton 酒庄内的"艺术博物馆"内。

酒评家们普遍认为，就同一年份的酒而言，Clerc-Milon 会比

d'Armailhac 略胜一筹。但我个人认为，两者实属不同的风格。Clerc-Milon 属于阴性，柔和，细腻。而 d'Armailhac 则属于阳性，粗犷，澎湃。至于谁优谁劣，那就是一个"萝卜白菜，各人所爱"的问题了！

2015 年 11 月 28 日

##  100 万英里的飞行

前不久，夫人在从香港飞往伦敦的飞机上，被从商务舱升级到了头等舱，原因是：她为国泰航空飞行贡献超越了 100 万英里！这是一个什么概念？有朋友说：这等于绕着地球飞了 25 圈。不管怎样，又有了开瓶庆祝的好理由。晚上，开了一瓶 1999 年的 Château Lafite Rothschild。此酒是她的挚爱。

Lafite 庄的酒标一向四平八稳，恪守传统，但，也偶有惊人之作。

如在今晚 1999 年的酒标上，就印有一个金银双色的、长着一张半脸的胖娃娃头图案，非常独特！这是什么意思呢？原来这是为了纪念发生在 1999 年 8 月 11 日的、20 世纪最后一次的日全食！

关于 Lafite，人们对这位"葡萄酒皇后"最经典的赞美是：优雅，温婉，细致，风情万种。而我们今晚所品尝的 1999 年的 Lafite，正处于青春少女的妙龄阶段：芳香，娇嫩，羞涩，情窦初开。品着她，不禁想起了一句诗："我遇见了你，在你最美好的年华里。"

也以此诗，献给我的夫人。

2015 年 11 月 29 日

**补注**

说到最美的年华，Lafite 在葡萄酒中，其养颜的效果也最佳。18 世纪，圭亚那还从属于法国。黎塞留被任命为圭亚那总督，在前往任职时，他对葡萄酒也恋恋不舍，想带上一些波尔多的葡萄酒。他在波尔多的医生就向他推荐了 Lafite。后来，黎塞留回国述职。法国国王看到他时甚为惊讶，眼前的这个人，就像是黎塞留的儿子。时光荏苒，这位总督不但没有变老，反而像是年轻了 25 岁。黎塞留认为这是喝 Lafite 的缘故。此事一经传开，王公贵族，尤其是贵夫人都争喝 Lafite 酒，一时成为宫廷时尚。

# 成长的那些事儿

## 姐弟喜相逢

　　孩子们放假了，喜逢他们的婧婧姐姐由京来港，自然要欢聚欢聚。几年前，婧婧姐姐新婚时，指定两位小孩为花童花女，也因此，给大家都留下了一段非常美好的回忆！

　　晚上，开了一瓶1996年的 Château Cos D'Estournel。当年，共产主义创始人马克思先生结婚时，他的好友恩格斯先生送给他们的贺礼，就是两箱 Château Cos D'Estournel！自此，此酒也成为了红色圈子内的送礼佳品。

　　品着红酒，听着孩子们用中、英双语欢快地聊天，既感欣慰，又有丝丝惆怅。孩子们一天一天地长大了，我们呢，也活着活着就老了……

2015 年 12 月 13 日

# 🍇 在 Niseko 滑雪

圣诞老人又来了！看：他一边哼着歌，一边赶着车，好一个欢快……

临近年终，诸事缠身。昨天凌晨 1 点多钟，终于赶回了家；

2 点多钟收拾好行李上了床；6 点多钟就被闹钟叫醒了；8 点多钟又坐到了飞机上。一觉醒来，已被空降到了一片白雪皑皑的世界。群山丛林，雪花纷飞，身置此情此景，顿时，心已明净……

日本北海道的 Niseko，人称世界顶级雪场的第 8 名，以其 powder snow（粉雪）驰名。粉雪松松软软，一般情况下，滑雪时摔倒，犹如摔到一堆棉花上，不觉其痛，反觉舒服，也因此，孩子们摔倒后都愿多躺一会儿……

是晚，开了一瓶 1996 年的 Château Rauzan Gassies。Rauzan Gassies 是 Rauzan Segla 的姐妹庄，虽同为波尔多特等酒庄的二级庄，但她确实在质量、声誉、价格上都比身为姐姐的 Segla 逊色些。然 1996 年是个相当不错的年份，20 年对此酒而言也已属最佳品饮期，所以，能在穿梭雪山一天后品到此酒，已感满足！

2015 年 12 月 19 日

##  滑雪的风险和回报

滑雪四天，依次经历了阴、晴、风雪、阳光四种天气。大自然的四重奏，给我们带来了不少的挑战，然更多的是，带来了不同的享受！

有朋友问：为什么会喜欢上滑雪这项风险性颇高的运动？首先，是为了参与亲子活动。孩子们学，我自然也跟着学；孩子们喜欢，我自然也就喜欢了。其次，滑雪虽然有一定的风险，但综合而论，这是一项回报率高过风险性的运动，它给人们所带来的身体上及精神上的回报是无与伦比的。最后，滑雪能使人常存风险意识及敬畏之心，相信这种好习惯一旦养成，会对漫漫人生有着诸多的益处。

今天，冬至，既是至寒，又是小年，当然少不了红酒。开了一瓶 2000 年的 Château Montrose。此酒被喻为 Saint-Estephe 产区的 Latour，醇厚，强劲，阳刚！第二次世界大战期间，此庄园曾被德军炮兵征用，以致引来英军飞机的空袭，所幸损失不大。二战结束后，很快，该庄园又继续产酒，且声誉日隆……

2015 年 12 月 22 日

# 直面恐惧才能克服恐惧

平安夜，雪山里到处飘扬着圣诞的歌声……回想滑雪十年，最大的收获莫过于：直面恐惧，克服恐惧！印象最深刻的一次，是几年前在加拿大的Whistler雪场。那一天，坐转椅上到了一个新的山

峰。甫出来不久，就被眼前的景象震住了——一片悬崖陡壁！当时，一阵强烈的恐惧感油然而生！按我的水平，绝对下不去！然，旁无援手，后无退路，我只能迅速调整心态，牙根一咬，就直冲了下去……后果当然是严重的，但是，从此之后，我对悬崖陡壁已再无恐惧之心。

当我昨晚把这一心得与儿子分享时，他告诉我：他也有过类似的恐惧！他最记得在他7岁的那一年，也是在Whistler，在风雪弥漫中与我们分散了。当时他最大的恐惧就是，怕再也找不到爸爸妈妈了！是的，滑雪让我们经历了许多的恐惧，但，我们也正是在面对恐惧、战胜恐惧的过程中，增强了自信，得到了成长……

今晚，开了一瓶1999年的Château Giscours。据史书介绍：此酒庄可追溯至1330年；曾是路易十四的最爱；1855年被评为特等酒庄的三级庄。此酒产于Margaux产区，呈女性化特征：轻盈温顺，细腻柔美。在风雪之夜中吃着美食，品着红酒，聊着家常，一家人其乐融融。生活，就是这样平淡而温馨……

2015年12月24日

# 2016 年的纪念

## 以恩师之名

2016 年来了！

今年、今天做的第一件事很有意义：我们对中山大学法学院申请"端木正法学基金"2015 学年度及 2016 学年度的使用计划进行了审批。这一基金是我们一群校友于 2015 年 5 月 4 日创办的。端木正教授为中山大学法律系于 1980 年复系时的首任系主任，后虽升任最高人民法院副院长，但仍坚持在校任教，是我国著名的教育家和法学家。我们以恩师名义成立基金，就是要继往开来，扶持在校师生，进行国际学术交流。因此，虽然管理此基金花费了自己不少的业余时间，然虽苦犹荣！

晚上，为了应节，开了一瓶 2007 年的 Bonnes-Mares, Grand Cru, Domaine Francois Bertheau。Bonnes-Mares 意思就是"好年份"！2016 年，六六顺顺，当然是好年份了！此款酒因其名最适合在新年之日喝。而 Grand Cru 是布根地红酒的顶级评级；Domaine Francois

Bertheau 也是布根地榜上有名的好酒庄；2007 年在布根地虽算是一个比较弱的年份，但也因此此酒才宜早喝。所以，今晚，在 2016 年新年来临之际，开一瓶"好年份"，与家人同贺新年，高兴！也借此机会，祝所有的亲朋好友们：新年快乐！

2016 年 1 月 1 日

## 送友远行

朋友准备放假远行，相约一聚。

挑了一瓶 2007 年的 Château Pavie。这是 2012 年 9 月晋升为波尔多十大名庄的新贵，现有"左岸看 Lafite, 右岸看 Pavie"的说法，可见其江湖地位之超然！

虽为新贵，酒庄本身实则历史悠久，至今已经历了 1600 多个春秋。这是目前唯一一瓶被众多酒评家喻为集旧世界红酒之优雅与平衡及新世界红酒之奔放与力量于一身的顶级名酒，备受市场关注与推崇。

酒，闻其香，品其醇，2 个多小时酒质异常稳定，朋友啧啧称奇，极为赞赏！而以酒会友的乐趣即在于：朋友喜欢，自己自然喜欢！

以此酒预祝朋友假期愉快，并预祝其生日快乐！

2016 年 1 月 8 日

## 品红论英雄

好友几次相约，今晚终于成局。

余兄豪爽，让我们有幸依序品尝了三款酒：2010 年的 Cheteau Beychevelle；2008 年的 Penfolds，Grange；2000 年的 Chateau Latour。

正如韩兄所言：今晚印象最深刻者为第二款的 Grange。果然功力深厚，这可是 Robert Parker 评为满分100 分的一款酒！韩兄妙言连珠，说：第一款酒刚好醒胃；最后一款虽然大名鼎鼎，但已略有审美疲劳；中间这一款占天时地利人和，处于品红的最佳时机，因此感觉最佳！他进而推理：凡第二次做的事情均是最棒的！众人皆笑……

—— Penfolds 是澳大利亚的最顶级品牌，而 Grange 又是 Penfolds 的最顶级系列，其珍贵程度可想而知。1844 年，当英国的 Penfolds 医生来到澳洲开拓这一片葡萄园时，他还以妻子在英国的故居 Grange 命名了自己的新居。有谁可以想到：170 年后的今天，Penfolds Grange 已成为了澳洲红酒的最闪亮名片！

遥知湖上一樽酒，能忆天涯万里人。我自己认为，品红之妙，不在酒中，而在酒外。能与好友谈天论地，说古道今，实乃人生乐事也！

2016 年 1 月 14 日

# 🍇 桂林三花酒

　　桂林，如诗如画。昨晚飞抵，今早推窗一看：奇特的山峰，平静的江水，毋需添笔，已是一幅秀丽、淡雅的山水画。此次专程飞来参加外甥的婚礼。外甥早年留学新加坡，学有所成；留新发展后结识来自桂林的女友；双方情投意合，终喜结良缘……

　　到了桂林，又怎能不说一说桂林三花酒？贵为桂林三宝（桂林三花酒，桂林腐乳，桂林辣椒酱）之首，桂林三花酒是中国米香型白酒的代表，至今也有逾千年历史，素有"蜜香清雅，入口柔绵，落口爽冽，回味怡畅"之美誉。有趣的是，桂林三花酒在酿成后，为了使酒质更加醇和、芳香，一般都要装入陶瓷缸内，存放在石山岩洞中一两年；这与法国红酒酿成后要存放于橡木桶内 18 个月，简直是异曲同工！

2016 年 1 月 30 日

# 八年"老桂林"

　　桂林山水甲天下，阳朔风光甲桂林。今天，冒雨驱车下阳朔，山水朦胧，别有情趣。来到十里画廊，方知何为人间仙境！风景如画，画如风景。在这里，人在景中，景在画中；天人合一，情景交融……

　　晚上，终于喝到了桂林三花酒！一瓶八年的"老桂林"，把众友的兴致推向了高潮。友问：喝中国白酒与喝法国红酒有什么区别？答：中国白酒，度数高（30多度至50多度），称为喝，一杯一杯地喝，追求的是喝得豪爽，喝得尽兴；法国红酒，度数低（10.5度至14.5度），称为品，一口一口地品，讲究的是品得优雅，品得抒情。文化不同，追求不一。而我等俗人，当入乡随俗，该品则品，该喝就喝，毋需矫情，随性而为……

2016 年 2 月 1 日

#  1995 年的 Corton Charlemagne

年末，总公司董事长提酒前来慰问，四人三瓶，皆醺！

开的全是布根地顶级名酒：1995 年 Corton Charlemagne，Grand Cru，Joseph Faiveley；2001 年 Gevrey-Chambertin，1er Cru Clos St.Jacques，Domaine Fourrier；2003 年 Romanée St.Vivant，Grand Cru，Alain Hudelot-Noellat。

正常情况下，白葡萄酒是配角，红葡萄酒是主角。但今晚，一瓶 1995 年的白葡萄酒 Corton Charlemagne，令我眼界大开。好的红酒我品多了，但好的白葡确属凤毛麟角。一瓶超过 20 年的 Corton Charlemagne，香醇含甘，清心润肺，用行家的一句经典评论：不酸，不甜，平衡甚佳，"拿捏" 得当！

"拿捏" 二字，十分精彩！这岂是只对酿造白葡萄酒而言？酿造白葡萄酒如此，酿造红葡萄酒亦如此；谈判交易如此，管理公司亦如此；做事如此，为人亦如此！喝酒品人生，凡事举一反三，道理自然一通百通。"拿捏" 得当，生活艺术、人生境界也！

2016 年 2 月 3 日

# 旅途中的红酒时光

## 收获葡萄的时机

此篇微信，写于万米高空的蓝天上，也算别具一格。

坐在香港飞往伦敦的航班上，刚刚看完一部新片《Premiers Crus（一级园）》，感慨良多。一瓶好的葡萄酒，确实来之不易！

影片中有这么一个情节：收获的时机。老爸根据往年的经验，对刚回来接手经营的儿子说：葡萄熟了，明天收获。儿子有思想，跑去问高人。答：天晓得？不过，我们村近 40 年来，产酒最好的就是你们家邻居，跟着她，肯定不会错！几天后，邻居开始收获，儿子忙跟进，正在指挥众人准备收获时，手机响了：原来是邻家女儿打来的。她善意提醒：适合我们家收获的时机，不一定就适合你们家哟！一言惊醒梦中人，儿子耐心等待，终于捕捉住了收获的最佳时机，酿造出了优异于老爸 N 倍的好酒……

仔细想想：寻找及把握好时机，不正是我们做事成功的关键因素吗？

2016 年 2 月 7 日

# 🍇 丘吉尔故居

昨天，与友相约，专
程前往参观丘吉尔故居：
Blenheim Palace。

虽早已知道丘吉尔
先生出身名门，但却万万
没有想到他的祖居竟是如
此宏伟的一座古堡，以及
如此浩大的一座庄园！

学习及了解英国，甚至世界近代与当代史，丘吉尔先生是非常非
常厚重的一页。他的最伟大功绩，自是在第二次世界大战期间，当德
国法西斯席卷整个欧洲大陆、世界面临历史性倒退的关键时刻，挺身
而出，力挽狂澜，带领英国人民英勇奋战，联美联苏，最终取得了伟
大的胜利，奠定了我们今日世界和平的格局与基石。

2002 年 BBC 主办了一个 "最伟大的 100 名英国人" 票选活动，
丘吉尔先生以绝对票数高居榜首。

晚上，与朋友喝酒，继续指点江山、评论丘吉尔先生的功过。他
的一生，受挫折最大一事莫过于当他带领英国人民走向二战胜利之时，
他带领的保守党却于 1945 年的大选中大败，人民在胜利之后抛弃了
他！后来，丘吉尔引用古希腊哲人普鲁塔克的名言说："对他们的伟
大人物忘恩负义，是伟大民族的标志。" 此话自嘲中充满哲理，发人
深思！

2016 年 2 月 10 日

# 国际金融中心苏黎世的红酒

瑞士，苏黎世(Zurich)。

贵为国际金融中心之一的苏黎世，聚集着全世界众多银行的或全球总部，或欧洲区总部，或私人银行总部，名声卓越，地位超然！

举一简例。今天上午，当地友人请我们全家到他们家里吃Brunch。闲谈中，这位做财富管理的朋友告诉我们：现在，苏黎世管理着全球三分之一的私人财富！

这首先得益于瑞士近200年来奉行的永久中立国国策；其次，瑞士银行业推行的为客户保密的体制深入人心；最后，瑞士地处欧洲的中心，人才济济，交通便利，语言畅通……

不说可能不清楚，瑞士也产葡萄酒，且酒质颇佳，物美价廉。瑞士产酒历史已逾千年，主要是受其邻国之一的法国影响。但由于其产量不高，且瑞士人喜饮葡萄酒，故其产酒绝大部分只用于内销。我昨晚抵达酒店之后，专门在大堂吧叫了一杯瑞士产红酒品尝：清新的水果香味，淡雅的口腔感受，似一幅美丽的风景画，简单明了，讨人喜欢。

2016 年 2 月 14 日

# 我有一壶酒，足以慰风尘

## 雄伟的阿尔卑斯山

St. Moritz!

滑雪爱好者的圣地，冬季运动的发源地。

雄伟的阿尔卑斯山，群峰环抱，海拔均在 3000 米以上；这里雪道众多，总长度超过 350 公里。

喜欢登上雪山之巅，观赏大自然的壮丽。毋需佳酿，人已陶醉！

喜欢滑雪时的自由飞驰，身体与心灵仿佛插上了翅膀。

喜欢与家人一起滑雪，相互鼓励，相互守望，风雪同路！

晚上，在意大利餐厅开了一支意大利红酒：No 1， Numero Uno， 2012（这里与意大利接壤，一不小心就会滑到意大利）。浓郁的橡木桶香味，年轻强横的酒体，才喝几口，已觉血液循环，疲劳顿失……

2016 年 2 月 16 日

## 迎春品红

寒雪梅中尽，春风柳上归。

周六，与友组织了一场迎春品红活动。时值阳光明媚，春风轻拂，天公作美！

26人，共品尝了10款红酒，5款为法国产，5款为意大利产；间插大、小提琴演奏，微信抢红包，抽奖等节目，欢声笑语，春意盎然……

同为旧世界葡萄酒的佼佼者，法、意两国所产红酒却各有特色。整体而言，法国红酒倾向于平滑，平衡，平稳；意大利红酒却倾向于高酸度，高酒度，高单宁。昨天中午，印象深刻的一瓶意大利红酒 LA FIRMA：强劲，活力，隐隐透露出几分霸气。据介绍，庄主是一个几百年的大家族，长期在当地身居要职，多代传承为法律"公证人"；而接下来品尝的法国红酒 Château Cantenac Brown，却口感骤变：轻柔，细腻，时时飘露出几分娇媚。据介绍，原庄主 Brown 先生是一位有着艺术气质的英国酒商，他在波尔多众多法式古堡群中，兴建了一个与众不同的英式庄园，格外清新。

我相信，每款酒都会多多少少地打上其庄主性格的烙印。我自己就喜欢在品红时追寻酒庄庄主的故事……

2016 年 2 月 28 日

# 我有一壶酒，足以慰风尘

周末，踏青，登山。

金佛山，世界自然遗产，雄踞中国西南地区，向往已久。上午坐缆车上山时，云雾缭绕，如入仙境。下午登上 2200 多米最高峰时，阳光普照，霞光万道。此时，群山如一尊披上金衣的睡佛，庄严、壮观、美丽！

晚上，开了一瓶澳大利亚的红酒：Rolf Binder, Hanisch, 2009, Barossa Valley, Shiraz。这是我几个月前在一次俱乐部组织的酒展中购买的。当时，她的价格明显高于其他许多参展红酒，好奇之下，我尝了一下：浓郁的果香，伴随着淡淡的橡木桶香，颇为奇特；充沛的单宁，入口已觉酒体的饱满，相当不俗！我本人偏爱法国红酒，但世界之大，好酒之众，要学的东西很多，自己不能以偏概全，唯有老老实实，边品边学……

最后，套用最近网上最热术语，小诗一首："我有一壶酒，足以慰风尘。豪情杯中起，无愧对人生！"干杯！

2016 年 3 月 5 日

# 葡萄酒索引

Château Talbot

Château Ducru Beaucaillou

Château Beychevelle

Château Gruaud Larose

Château Lagrange

Château Léoville Poyfereé

Château Léoville Barton

Château Léoville Las Cases


Moulis

穆利斯

Château Poujeaux

Château Chasse-Spleen


Saint-Estèphe

圣埃斯泰夫

Château Cos D'Estournel

Château Montrose

Château Calon Segur


Graves

格拉夫

Château Smith Haut Lafitte

Château La Mission Haut-Brion

Domaine de Chevalier

Château  Haut-Brion

Château Suduriant


Saint-Émilion

圣艾米利永

Château Cheval Blanc

Château Pavie

Château Troplong Mondot

Château Figeac

Jean-Pierre Moueix

Le Petit Cheval


Pomerol

波美侯

Château Pétrus

Château L'Evangile

Château L'Eglise-Clinet

Vieux Château Certan

Château Clinet

F. Thienpont


Rhône

隆河谷

Boisrenard

Domaine Gilles Barge

Domaine Jaboulet

Xavier Vins Vacqueyras

M.Chapoutier

Domaine Gilles Barge

Château de Beaucastel

Clos de L'Oratoire des Papes

Château Puech-Haut

Cellier de Monterail

## Champagne
## 香槟区

Dom Pérignon

Lallier

## Provence
## 普罗旺斯

Domaines Ott

## Jura
## 汝拉

Vin Jaune

## Italy
## 意大利

Castellani，Chianti

Marcarini,Barolo

Il Molino di Grace,Tuscany

Bricco Aslili,Barbaresco

La Firma,Aglianico del Vulture

Gaja,Barbaresco

No1 Numero Uno,Terrazze

Retiche di Sondrio

Presecco,Veneto

## Australia
## 澳大利亚

Penfolds

Wirra Wirra

St.Andrews，Taylors

Rolf Binder

## Chile
## 智利

Le Dix de Los Vascos

Almaviva

## New Zealand
## 新西兰

Wither Hills